大口黑鲈病害及其防控

DAKOU HEILU BINGHAI JI QI FANGKONG

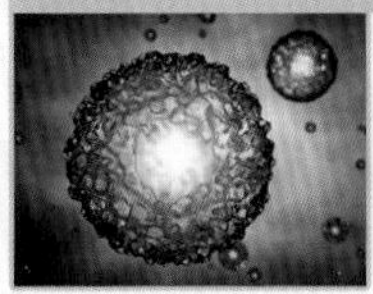
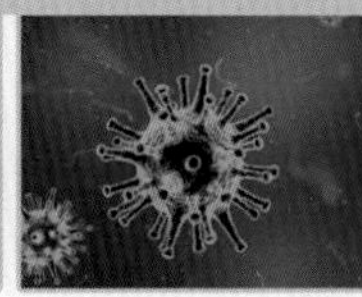
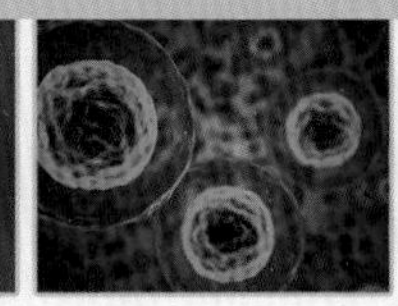
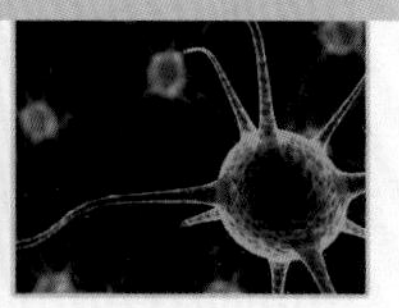

苏友禄　林华剑 ◎ 主编

中国农业出版社
农村设物出版社
北　京

图书在版编目（CIP）数据

大口黑鲈病害及其防控 ／广东省动物疫病预防控制中心组编；苏友禄，林华剑主编．—北京：中国农业出版社，2023.10

ISBN 978-7-109-31265-4

Ⅰ.①大… Ⅱ.①广… ②苏… ③林… Ⅲ.①河鲈－鱼病－防治 Ⅳ.①S943.211

中国国家版本馆CIP数据核字（2023）第200215号

中国农业出版社出版

地址：北京市朝阳区麦子店街18号楼

邮编：100125

责任编辑：肖 邦 王金环

版式设计：王 晨　　责任校对：吴丽婷　　责任印制：王 宏

印刷：北京通州皇家印刷厂

版次：2023年10月第1版

印次：2023年10月北京第1次印刷

发行：新华书店北京发行所

开本：700mm × 1000mm 1/16

印张：12

字数：190千字

定价：120.00元

本书编委会

主　任：张远龙

副主任：孙彦伟　张　志　胡　雄

委　员：马亚洲　林乃峰　卢受昇　林　哲
查云峰　江正林　万美梅　王福广
孙柏林

编写人员名单

主　编：苏友禄　林华剑

副主编：江　飚　唐　姝　梁芝源

参　编：曾庆雄　刘　春　李　薇　林汉群
谢　雄　孙龑鑫　吴文豪　杨　芳
吴郁丽　何志超　文华康　麦良彬
郭晓奇　马志洲　张　军　宋长江
宋海霞　梁　富　李剑杰

序

PREFACE

大口黑鲈又名加州鲈，近几年逐渐成为特色淡水鱼中一颗闪耀的“星”，其产业规模和产值屡创新高，为繁荣农业农村经济，带动广大水产人增收致富做出了突出贡献，同时也为人们提供了更加优质的动物蛋白。2021年，我国大口黑鲈产量已超70万t。广东是大口黑鲈养殖核心区域，不仅供应了全国七成以上的苗种，其养殖产量也占据全国“半壁江山”。随着冷链运输技术的日趋成熟和预制菜加工技术的快速发展，大口黑鲈的消费市场更加广阔，有望发展为百万吨级的养殖品种。然而，随着高密度、集约化养殖模式的发展，大口黑鲈病害问题日益严重，呈现出疾病种类多、发病面积广、持续时间长、死亡率高、控制难度大等特点，给大口黑鲈养殖业造成巨大经济损失，也给水产品质量安全带来了隐患。

大口黑鲈是农业农村部等7部门联合发布的《食用农产品“治违禁 控药残 促提升”三年行动方案》中的重点治理品种之一，广东各级渔业行政管理部门也十分重视大口黑鲈养殖产业健康发展。实际生产中，大口黑鲈养殖存在的主要问题是一线工作人员对其疾病的认识不足，也缺乏相应的防控知识，导致病情延误。而科技工作者虽然具备相关防控知识，却因对复杂多变的养殖病害发生情况缺乏实地了解，难以因地制宜提出解决方案，或错过最佳防控时机。科技工作者应当加强以实际生产过程中病害问题为导向的科学研究，制订有效的防控措施。

渔业管理部门作为养殖者和科技工作者间的桥梁，应该定期组织水产养殖科学管理和病害防控相关的知识讲座及技术培训，预防复杂多变的各种病害。

因此，如何将大口黑鲈的科学养殖管理技术和病害防控相关知识有效传达给养殖工作人员是大口黑鲈养殖产业发展的关键环节，也是广大养殖业者最为关注的问题。为此，广东省动物疫病预防控制中心组织仲恺农业工程学院、佛山市顺德区活宝源生物科技有限公司等单位的专家和具有丰富实践经验的生产一线技术人员编写了这本书。该书内容新颖、重点突出，对大口黑鲈生物学、人工繁育、苗种培育和成鱼养殖技术等进行了简要介绍，针对大口黑鲈病毒性、细菌性、寄生虫性、真菌性疾病，以及其他疾病进行了详细解析，并提出了科学有效的防控措施，还对大口黑鲈在养殖过程中的绿色防控技术进行了介绍和展望。该书结合了编者自身的科研积累和实践，汇集了国内外最新研究成果，对大口黑鲈养殖及病害防控具有一定的指导意义。

该书通俗易懂，实用性和可操作性强，可作为养殖渔民、基层水产技术推广人员、渔业技能培训、渔业科技入户等参考用书，也可供水产院校师生、行政管理部门干部和科技工作者在实践中进行参考。

全国水产技术推广总站总工程师 李清

2023年2月

前　言

FOREWORD

大口黑鲈，俗称加州鲈，原产于北美洲密西西比河流域。大口黑鲈生长快、耐低温、肉质鲜美且易捕捞，于1983年引入我国广东省，经过40年的发展，已被我国大部分省份引进养殖，成为我国重要的淡水鱼养殖品种。目前，其在广东、江苏、浙江、江西、四川和福建等省份的养殖已达到产业规模，产业分工明确，养殖技术已达到较高水准。近年来，其产量逐年上升，成为渔民心目中极具潜力的“第五大家鱼”。

然而，随着大口黑鲈养殖规模不断扩大，养殖户为了追求高产量和高效益，养殖密度过高，加之种质退化，饲料过度投放，使得养殖环境进一步富营养化。这一系列因素的综合作用，导致细菌、病毒、真菌、寄生虫等引起的流行性和致死性疾病相伴而来，严重威胁着大口黑鲈养殖业健康发展，带来了重大经济损失。同时，一些养殖者对水产病害知识掌握不够，不能进行精准诊断，存在盲目用药、不规范用药甚至滥用药现象，给水产品质量安全带来巨大隐患，这成为大口黑鲈养殖产业健康发展的重要制约因素。

因此，为养殖户提供养殖技术、科学管理方法和病虫害防控知识尤为重要。但是，目前业界缺乏大口黑鲈病害防控类的专业图书，而大口黑鲈养殖从业者渴望书的内容能言简意赅、图文并茂，在养殖过程中可精准指导疾病的诊断和防控。编者查阅了国内外有关大口黑鲈养殖管理和病害防控的最新资料，并结合多年来的病害研究和一线实践经验，编写了此书。全书共分七章，第一章从生物学基础、人工繁殖、苗种培育、成鱼养殖、养殖病害概况等方面简要介绍大口黑鲈养殖概况；第二至六章分别介绍了大口黑鲈4种病毒病、10种细菌病、11种寄生虫性疾病、4种真菌性疾病和4种其他疾病，主要从病原（病因）、流行情况、症状和病理变化、诊断和防控等层面进行详细阐述；第七章从疫苗及研发现状、中草药、微生物制剂和免疫增强剂等方面分析和展望大口黑鲈病害的绿色防控技术。本书资料翔实、通俗易懂，各章独立成单元，又各有侧重。书中图片大多由编写人员亲自拍摄，一些引用的图片均标明了出处，期望本书的出版能对广大的大口黑鲈养殖业者和科研工作者提供帮助。

本书出版得到了2022年中央成品油价格调整对渔业补助预算资金（粤财农〔2022〕118号、119号）的资助，在此表示感谢。此外，在本书编写过程中，华南农业大学但学明教授、中国水产科学研究院南海水产研究所徐力文副研究员和中国水产科学研究院珠江水产研究所巩华副研究员提出了一些宝贵的修改建议，向他们表示诚挚的谢意！

受限于编者的积累有限及当下的研究进展飞快，书中难免存在不足之处，敬请读者批评指正，不吝赐教。

编　者

2023年2月

目　录

CONTENTS

第三章 / 大口黑鲈细菌病 49

第六章 / 大口黑鲈其他疾病 141

第一章　大口黑鲈养殖概述

大口黑鲈（*Micropterus salmoides*），俗称为加州鲈，原产于北美洲淡水湖泊与河流水域。大口黑鲈肉质鲜美，无肌间刺，外形美观，加之其具有适应性强、生长快、经济效益高等优点，深受消费者和养殖者欢迎。大口黑鲈于20世纪70年代末被引进我国台湾，1983年人工繁殖获得成功，同年从台湾引入广东，随后被推广到全国各地养殖。近年来，随着养殖技术的提高和配合饲料技术的突破，大口黑鲈已成为我国主要的淡水养殖品种之一，养殖产量逐年上升，至2021年全国年总产量已超70万t（图1-1）。

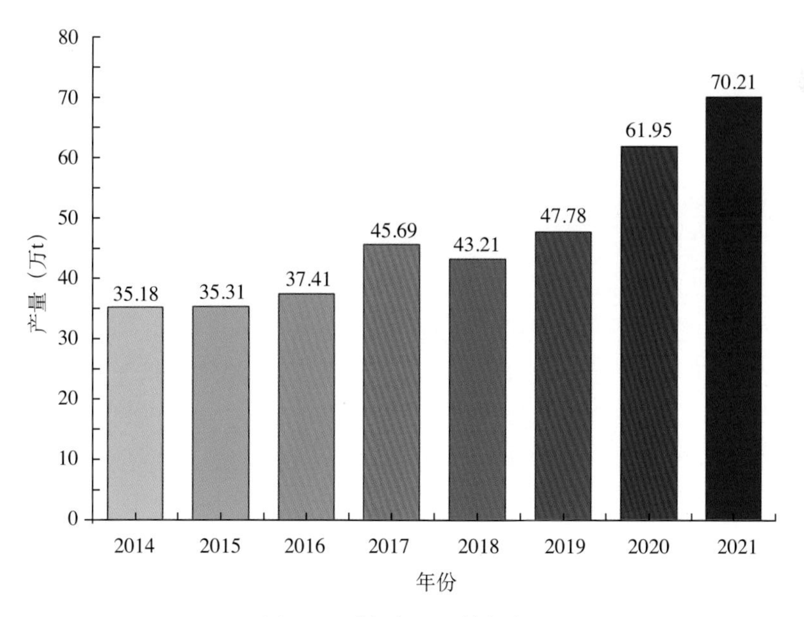

图1-1　近年大口黑鲈年产量

（数据参考《2022中国渔业统计年鉴》）

第一节 生物学基础

一、分类地位与地理分布

大口黑鲈隶属鲈形目（Perciformes）、鲈亚目（Percoidei）、太阳鱼科（Cehtrachidae）、黑鲈属（*Micropterus*）。该物种原广泛分布于北美洲东部大部分地区，北至加拿大魁北克，南至墨西哥北部，东至大西洋海岸，西至得克萨斯州和北达科他州。其主要生活于北美的一些大型湖泊和河流水系，包括圣劳伦斯-五大湖、哈德逊湾、密西西比河流域，从北卡罗来纳州到佛罗里达州，甚至到墨西哥北部海湾的河流。还在蒙大拿州西部向北到不列颠哥伦比亚省南部的一个孤立地区也观察到该物种。根据地理分布和形态学方面的不同，大口黑鲈公认分成两个亚种，一种是分布在美国中东部、墨西哥东北部和加拿大东南部的北方亚种，称为北方大口黑鲈（*M. salmoides salmoides*）；另一种是分布在佛罗里达州南部的佛罗里达亚种，称为佛罗里达大口黑鲈（*M. salmoides floridanus*）。现大口黑鲈已经被引进到欧洲、亚洲、非洲和南美洲。根据形态学和微卫星DNA标记，我国养殖大口黑鲈种质应属于北方亚种。如今的大口黑鲈在我国除了海南和青海地区以外，均有养殖，其中广东、浙江是大口黑鲈的主要养殖区域，年产量分别占我国总产量约60%和20%。

二、形态特征

大口黑鲈成鱼体长在25 ~ 35cm，最大可达50cm。体型呈纺锤形，侧扁，背肉稍厚，横切面为椭圆形。口裂大，斜裂，下颌长于上颌，颌能伸缩，具有尖锐小齿。身体背部颜色通常是青灰色，体侧橄榄绿，腹部灰白。从吻端至尾鳍基部有排列成带状的黑斑；鳃盖上有3条呈放射状的黑斑，鳃耙为梳齿状。体被细小栉鳞，颊部上方和鳃盖也被鳞。背鳍硬棘部与软条部间有一小缺刻，不完全连续。侧线略向上弯，不延伸至尾鳍基部。两背鳍以低的鳍膜相连接，背鳍高仅略大于尾柄高，腹鳍胸位；尾鳍略小，两叶钝圆而后中央微凹（图1-2）。

大口黑鲈可数性状：背鳍鳍式，D.Ⅳ，Ⅰ-13 ~ 15；臀鳍，A.Ⅲ-9；胸鳍，Ⅰ-12-13；腹鳍，Ⅰ-15；侧线鳞62 ~ 63，侧线上鳞7 ~ 8，侧线下鳞15；鳃耙数6 ~ 7；脊椎骨数26 ~ 32。可量性状：体长/体高为2.57 ~ 3.48、体长/头长为0.88 ~ 3.75、尾柄长/尾柄高0.62 ~ 2.86。内部特征：鳔1室，长圆柱形；腹膜白色；肠粗短，两盘曲，为体长的0.54 ~ 0.73倍。

为提高我国大口黑鲈种质，中国水产科学研究院珠江水产研究所经多年努

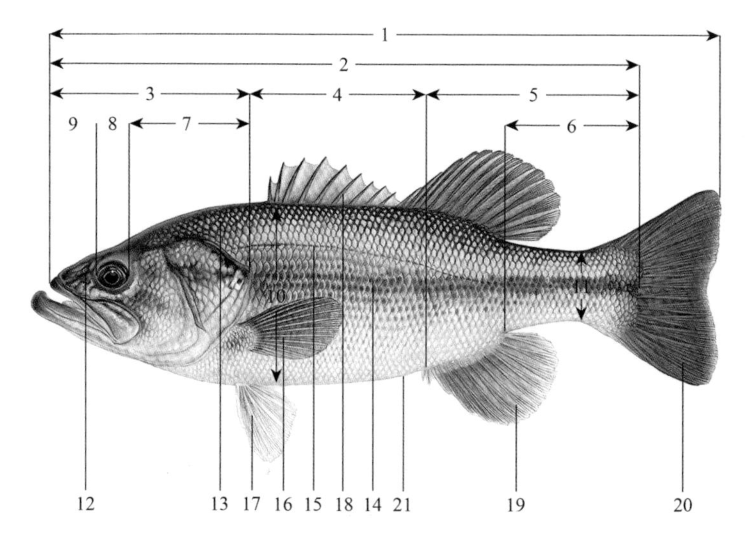

图1-2 大口黑鲈外部形态

1.全长 2.体长 3.头长 4.躯干长 5.尾长 6.尾柄长 7.眼后头长 8.眼长 9.吻长 10.体高 11.尾柄高 12.鼻孔 13.侧线上鳞 14.侧线下鳞 15.侧线 16.胸鳍 17.腹鳍 18.背鳍 19.臀鳍 20.尾鳍 21.肛门

力，2011年选育出大口黑鲈新品种“优鲈1号”（图1-3A），“优鲈1号”生长速度比普通大口黑鲈快17.8%～25.3%。2012年，又以美国引进的北方亚种和“优鲈1号”为基础群体，采用群体选育技术，于2018年成功选育出“优鲈3号”（图1-3B）。“优鲈3号”在人工配合饲料喂养下，与“优鲈1号”相比，生长速度（体重）平均提高17.1%，比引进群体提高33.9%～38.8%。“优鲈3号”全程采用配合饲料养殖，在广东省主产区的池塘养殖亩*产普遍为3 000～4 000kg，比普通大口黑鲈提早15d以上上市，亩产提高15.0%～25.2%。

图1-3 “优鲈1号”（A）和“优鲈3号”（B）（白俊杰等，2013）

* 亩为非法定计量单位。1亩≈667m^2。——编者注

三、生态习性及生活环境

1. 栖息习性

在自然环境中，大口黑鲈主要生活在水温较高的湖泊和河流中，喜欢栖于沙质或沙泥质混浊程度低的静水环境中，尤其喜欢在流速缓慢的清水中，一般在中下层水层活动，常藏身在水生植物中。大口黑鲈通常白天栖息，夜间活动和觅食。幼鱼会与大小相似的鱼组成鱼群，形成群居，而成鱼不成群。大口黑鲈为变温动物，适温范围广，水温1 ~ 36℃均能存活，最适生长温度为20 ~ 30℃。它们在温水中的代谢率更高，温度适宜时，其倾向于待在0.3 ~ 4m深的浅水中，但冬天会迁移到5 ~ 15m的深水区。大口黑鲈对水中溶解氧要求在4mg/L以上，溶解氧低于2mg/L时，大口黑鲈会出现缺氧现象。虽然大口黑鲈为淡水鱼类，但对盐度适应性较广。据报道，其在欧洲的非原产水域能在盐度高达13的河口生存。

2. 食性

大口黑鲈是以肉食性为主的杂食性鱼类，刚孵出鱼苗的开口饵料主要为轮虫，稚鱼以枝角类为主，幼鱼以桡足类为主（图1-4）。当幼鱼长到3.5cm后，开始摄食小鱼小虾，而当食物缺乏时，常出现相互捕食现象。大口黑鲈掠食性强、摄食量大，水温在25℃以上时，幼鱼的摄食量最大可达自身体重的50%，成鱼达20%。成鱼全天进食，清晨和傍晚为进食高峰。在水温低时，大口黑鲈新陈代谢缓慢，进食减少，当水温降到10℃以下时，它们停止进食，在产卵时也会停止进食。人工养殖早期，以切碎或搅成肉浆的冰鲜小杂鱼作为饲料。近几年，随着大口黑鲈饲料配制技术的进步以及政策导向，养殖大口黑鲈现以投喂人工配合饲料为主。

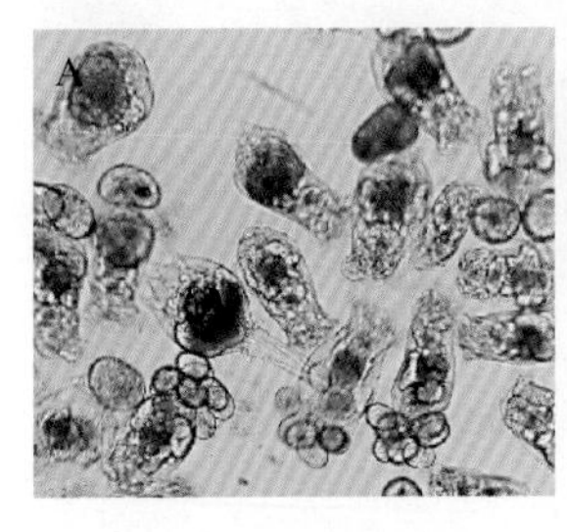

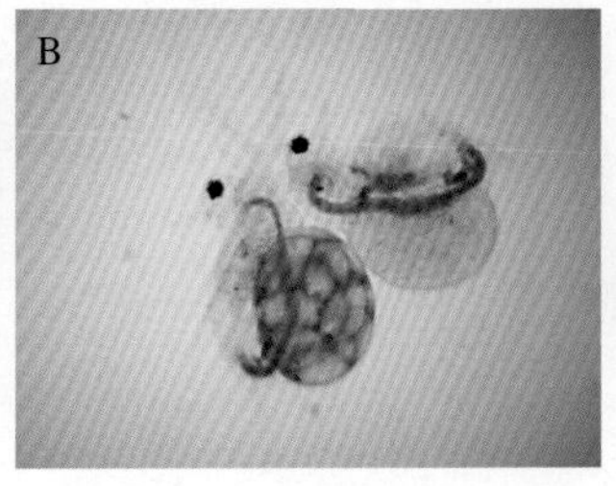

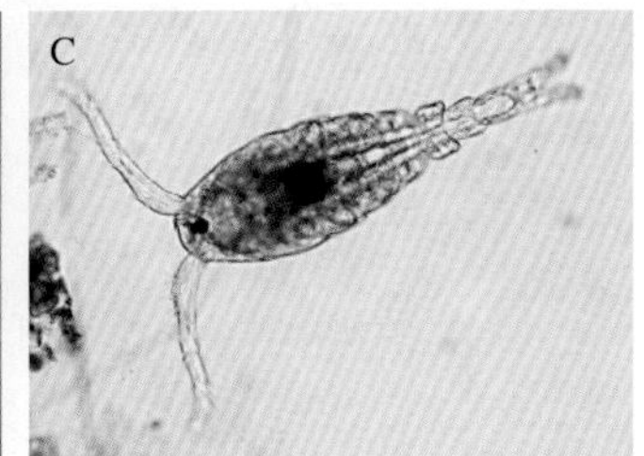

图1-4　大口黑鲈生物饵料

A.轮虫　B.枝角类　C.桡足类

3.年龄和生长

野生大口黑鲈第一年可以长到10 ～ 15cm，第二年可以再长约10cm，然后每年以5cm速度生长直到6龄，之后增长率显著下降。而经过选育的人工养殖大口黑鲈，生长性能有很大提高，从孵化到上市规格（长度约25cm，体重约500g），只需要10 ～ 12个月。大口黑鲈被记录的最大长度和体重分别为97cm和10.1kg。野生大口黑鲈平均寿命为15 ～ 23年，而人工饲养的平均寿命为8 ～ 12年。

4.交流和感知

大口黑鲈可通过听觉、视觉和触觉感知环境。大口黑鲈头部有耳石，可使它们能够听到1km外的声音并做出反应。大口黑鲈很大程度上依赖它们的触觉和听觉来定位猎物和食物。大口黑鲈的侧线作为振动感觉器官，能感觉水流的方向和压力，当一个物体向其靠近时，水流变化会被侧线感知，这使得大口黑鲈可以在看不见物体的情况下躲避或捕食其他生物体。大口黑鲈视力较好，使其可在低光照条件下捕食。自然界中，大口黑鲈活动范围相对较小，一般小于0.1km^2，但特殊情况下也可高达2km^2。

5.繁殖习性

大口黑鲈性成熟年龄通常为1龄左右，性腺1年成熟1次，繁殖季节可多次产卵。产卵时间与水温密切相关，要求水温达到16℃以上，如在美国南部的冬末1—2月产卵，而美国北部地区通常在5—6月产卵。大口黑鲈是“一妻多夫制”，这意味着在一个繁殖季节，1尾雌性与多尾雄性交配。产卵前，雄性大口黑鲈会有筑巢行为，其利用尾部扇动碎屑来筑巢，这些巢穴的长度通常是雄性体长的两倍，或选择岩石和杂草的底部作为它们的巢穴。筑完巢后，雄性大口黑鲈在巢穴附近寻找雌性大口黑鲈交配。成功配对后，两尾大口黑鲈就会一起在巢边徘徊，雌性大口黑鲈在雄性大口黑鲈为它们建造的巢穴中产卵，然后雄性大口黑鲈从外部释放精子使卵子受精，受精卵呈黄橙色。然后，雄性大口黑鲈会守卫巢穴，扇动水体以防止淤泥在卵上堆积，直至卵孵化后，鱼苗可以独立游泳。雌性每次可产卵3 000 ～ 4 500粒，但多数为4 000粒左右，体重1kg的雌性大口黑鲈每次怀卵可达4万～ 10万粒。受精卵的孵化速度取决于水温，通常18 ～ 23℃需要2 ～ 4d，在27 ～ 29℃只需要1 ～ 3d。受精卵孵化后，鱼苗聚集成群，在巢穴附近活动，7 ～ 10d后卵黄囊吸收完毕，后游离巢穴。

大口黑鲈在我国自然产卵时间为2—7月，传统养殖模式在3月投放鱼苗，当年上市40%左右，剩余的翌年6月上市。为尽早获得鱼苗，使成鱼的上市时间提前，在广东地区可通过激素催产让鱼在11月底至12月产卵，其他地区也可利用温棚、电厂热水、温泉或烧锅炉加热升温促使鱼提前产卵，赶在8—9月行情好时上市；或培育反季节苗，在7—8月孵化鱼苗，翌年6月成品鱼上市。

6.物种入侵

大口黑鲈是典型的肉食性鱼类，虽然幼鱼是众多鱼类和鸟类的捕食对象，但其鱼苗长到3.5cm就会开始捕食小鱼，成年的大口黑鲈更是顶级掠食者，它的捕食对象包括鱼、小龙虾、两栖动物与昆虫等。引进的大口黑鲈会猎食较小的原生鱼类，有时会造成某些鱼种数量降低或灭绝，如大口黑鲈的引入，导致非洲的纳米比亚共和国自然生态系统中多种原生鱼类减少或灭绝；导致日本本土一些鱼类数量急剧减少，尤其是伊豆沼湖的太阳鱼；在较冷的水域，其对鲑鳟鱼苗构成威胁。因此，在养殖场之外，其被认为是各地水域中的入侵物种，对本土鱼类是严重的威胁，国际自然保护联盟物种存续委员会的入侵物种专家小组（ISSG）将其列入“世界百大外来入侵种”。

我国关于大口黑鲈的研究，主要集中在遗传育种、饲料营养、病害防控等方面。而目前关于大口黑鲈对我国生态破坏的研究尚欠缺。大口黑鲈引入我国40多年，尚未见报道其对我国生态环境造成破坏。然而，大口黑鲈作为一种外来物种，在我国水域中几乎没有天敌，特别是在一些人迹罕至、水质较好的溪流，可能会造成水域中的小型鱼类绝迹，导致区域性的水域生态破坏。因此，我们要规范大口黑鲈放流行为，禁止在河流、水库等自然水体放流，避免产生难以挽回的生态损失。

第二节　人工繁殖

一、性腺发育及影响因子

充分了解大口黑鲈的性腺发育及其影响因子，可以更好、更有针对性地开展人工繁殖活动。

1.雌雄鉴别

大口黑鲈性腺未成熟时，雌雄性别特征差异不明显，难以辨别，而到了繁殖季节，成熟的雄鱼、雌鱼差异较明显。雌鱼体型稍短，体色偏淡白，卵巢轮

廓明显，前腹部膨大柔软，上、下腹大小匀称，有弹性，尿殖乳突稍凸，产卵基呈红润状，上有2孔，前、后分别为输卵管和输尿管开口。雄鱼则体型稍长，腹部不大，尿殖乳突凹陷，只有1个孔，较为成熟的雄鱼轻压腹部便有乳白色精液流出。

2. 卵子发生及卵巢分期

在长期自然演化过程中，鱼类为适应所处的生态环境，使种群得以繁衍，形成了不同的繁殖类型。大口黑鲈为不同步分批产卵型鱼类，卵巢为封闭型，成对分布于腹中线的两侧，在腹腔的末端交汇并通过泄殖孔连接外界，颜色随发育阶段变化而异，从淡黄色至橘黄色，可划分为6个发育期（图1-5、图1-6）。

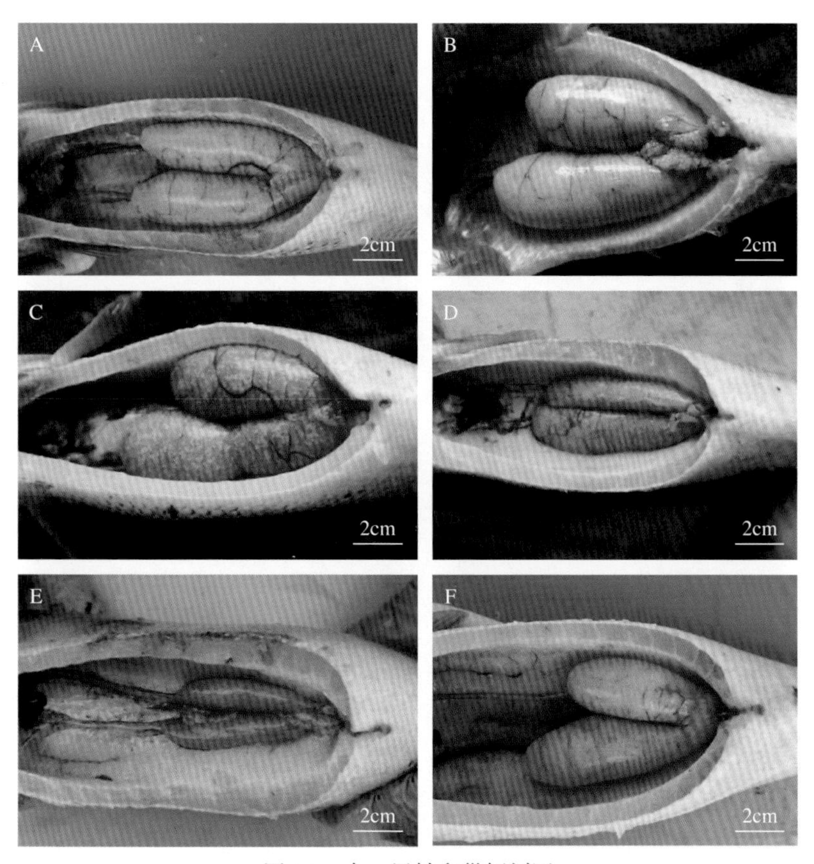

图1-5　大口黑鲈卵巢解剖图

A. Ⅲ期卵巢　B. Ⅳ期卵巢　C. Ⅴ期卵巢　D. Ⅵ期卵巢　E. Ⅱ期卵巢　F. Ⅲ期卵巢
（引自崔庆奎等，2021）

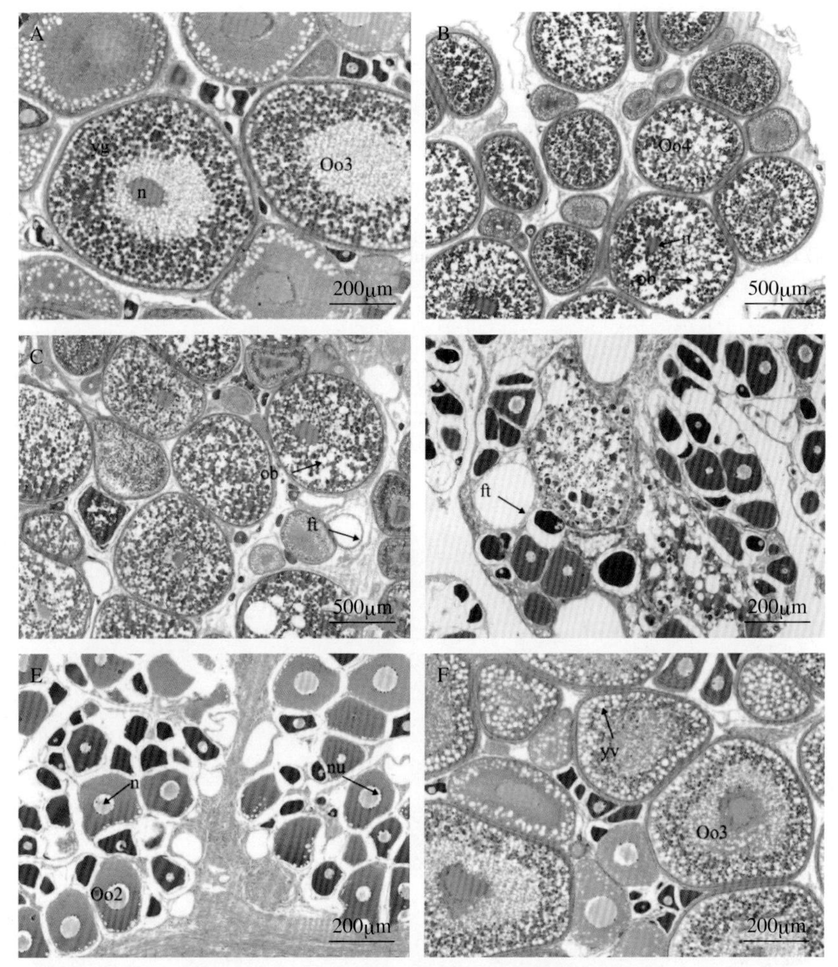

图1-6　大口黑鲈卵巢各发育时期的组织学观察

A. Ⅲ期后期卵巢　B. Ⅳ期卵巢　C. Ⅴ期卵巢　D. Ⅵ期卵巢　E. Ⅱ期卵巢
F. Ⅲ期前期卵巢　Oo2. Ⅱ时相卵母细胞　Oo3. III时相卵母细胞　Oo4. Ⅳ时相卵母细胞
n. 细胞核　nu. 核仁　yv. 卵黄泡　yg. 卵黄颗粒　ft. 滤泡膜　ob. 油球
（引自崔庆奎等，2021）

第Ⅰ期：卵巢呈透明细丝状、紧贴在鳔两侧的体腔膜上，表面无肉眼可见血管。卵巢腔出现，卵原细胞分散在卵巢基质中，卵原细胞小且呈不规则椭圆形，核膜明显，核质网状，其中可见1 ～ 2个核仁，为第Ⅰ时相卵。

第Ⅱ期：卵巢呈橙红色，表面可见血管分布，卵粒小。卵原细胞停止增殖，形成初级卵母细胞，即为第Ⅱ时相卵，其排布紧密，形状呈多角形或不规则的椭圆形，核略有增大，核仁位于细胞核中央，后期核仁呈环形分布于核膜内侧，细胞内无卵黄物质填充，外有一单层的滤泡细胞。

第Ⅲ期：卵巢体积逐渐增大，颜色从橙红色转为淡黄色，血管清晰，透过卵巢壁可见细小的卵粒。初级卵母细胞进入大生长期，开始累积卵黄，发育成第Ⅲ时相卵母细胞，部分可发育至第Ⅳ或第Ⅴ时相卵母细胞。第Ⅲ时相卵母细胞近圆形，胞外环绕的双层滤泡膜，卵黄泡出现在细胞膜内缘，逐渐向中间的细胞核聚拢，开始出现卵黄颗粒积累并逐渐增多。

第Ⅳ期：卵巢体积增大至囊状，血管发达且分枝明显。此时期的卵母细胞为第Ⅳ时相，其主要特征细胞质中充满卵黄，并与脂肪滴混杂。发育至末期，卵黄颗粒夹杂的脂肪滴形成油球，占据中央位置，细胞核偏向动物极一侧，滤泡膜和放射带边缘清晰可见。

第Ⅴ期：为临产卵巢，发育已接近尾声，充满整个腹腔，游离卵储于卵巢腔中，轻压鱼腹可流出泄殖孔。卵母细胞达到最终大小，卵黄颗粒开始融合，油球互相聚合，细胞膜、核仁消失，核膜溶解，卵子变得膨大透明，为第Ⅴ时相卵。此时的卵母细胞已完全成熟，可见到排出卵子后残余的空滤泡膜。

第Ⅵ期：此时的卵巢已完成产卵过程，体积小而干瘪，表面血管密，呈肉红色。卵巢内可见大量空滤泡膜，第Ⅳ、第Ⅴ时相卵退化形成的第Ⅱ时相卵母细胞。同时滤泡膜消失，卵黄颗粒逐渐消失，整个卵子呈蜂窝状。

3.精子发生及精巢分期

大口黑鲈精巢属辐射型。结缔组织向内分隔形成许多精小叶，每个小叶又包括若干精小巢，精原细胞在小囊中生长发育，大致可分为6期。

第Ⅰ期：精巢呈细线状，紧贴在鳔下两侧的体腔膜上，肉眼难以区别雌雄。精巢小叶呈不规则的蜂窝状，含单个或多个精原细胞，精原细胞呈球形，中央有1个细胞核，核膜清晰。

第Ⅱ期：精巢呈半透明细线状，血管不显著。精小叶略增大加厚，小叶腔与精巢腔出现。精小叶被结缔组织包围，精原细胞增多，排列成束群，构成实心的精细管，管间为结缔组织所分隔。

第Ⅲ期：精巢呈浅肉色扁带状，逐渐增大增重，内侧可见血管分布。实心的精细管中央出现管腔，管壁是一层至数层同型的、成熟等级一致的初级精母细胞，管壁外面为精囊细胞所包围。

第Ⅳ期：精巢呈乳白色的长囊状，血管分支明显。精细管的管腔壁上除了各期生精细胞外，在小叶腔中还有许多精子集聚成丛。第Ⅳ期早期轻压挤鱼腹不能挤出精液，但到了晚期则能挤出白色的精液。

第Ⅴ期：精巢饱满肥厚，轻压腹部时有乳白色精液从泄殖孔涌出。切片可见精小叶壁变得很薄，各精细管（实为精小囊）中充满精子。

第Ⅵ期：精巢萎缩，体积大大缩小，精细管的壁只剩下精原细胞、少量初级精母细胞和结缔组织，囊腔和壶腹中有残留的精子。精巢一般退回到第Ⅲ期，然后再向前发育。

4. 大口黑鲈性腺发育影响因子

鱼类的性腺发育受多重因素影响，如营养水平、环境胁迫、降水、水流刺激、巢穴基质等，其中大口黑鲈受水温影响最为显著。

生活在高水温环境中的大口黑鲈性腺发育速度要明显快于低水温环境。自然条件下，大口黑鲈性腺需经降温-低温维持-升温刺激过程才能发育成熟。其性腺一般在越冬前发育至第Ⅲ期，在春季受水温上升的刺激，开始继续发育并完成产卵等繁殖行为，其产卵适宜水温为18 ～ 22℃。大口黑鲈适应能力极强，在实际生产中为了提高效益，可采取模拟自然条件，促使产卵时间符合生产需求，如利用温棚、电厂热水、温泉或烧锅炉提高池塘水温可使大口黑鲈提前1个月产卵；或利用山泉水、水库底层水创造大口黑鲈的产卵条件，实现反季节产卵。此外，还可以利用催产素催产，珠三角地区常用激素让鱼在11月底或12月产卵。

除了水温外，还有许多其他因素可影响大口黑鲈性腺发育。丰富的营养是其性腺发育成熟的保障，如在亲鱼培育中，可在池中放一些抱卵虾，以满足亲鱼性腺发育的营养需求。有研究发现，大口黑鲈性腺的发育与光周期的刺激有关，水温和光周期同步增加才能促进配子发育至成熟。而亲鱼的养殖过程，密度过大会导致性腺发育迟缓或停滞，甚至直接进入退化吸收阶段，导致亲鱼催产失败。在养殖池中利用水车式增氧机，形成微水流循环涌动，也可刺激亲本性腺发育。在产卵前，投喂适量的维生素C、维生素E等，增强机体免疫力，也是促进性腺的发育重要措施。

二、人工繁殖

1. 亲鱼的培育

大口黑鲈经1冬龄以上即可性成熟，但2 ～ 3年个体性腺发育更完善，可在年底从良种场引进，或从养殖池塘选择同批养殖，个体生长优势明显，体重大于600g的成熟个体作为后备亲鱼。亲鱼培育可以专池培育，也可以套养培育。

专池培育的池塘要求进排水方便，水质清新，溶解氧量高，饵料充足，水

位1.0 ～ 1.5m，透明度在30 ～ 40cm，水体酸碱度呈中性弱碱性。投放密度每亩500 ～ 600尾为宜，培育期间以冰鲜鱼为主，配合饲料与冰鲜鱼交替投喂，冰鲜鱼日投喂量为大口黑鲈体重的2% ～ 4%；每天投喂2次，上、下午各1次，配合饲料1h内吃完为宜，视天气和鱼的摄食情况适时增减。可定期投放一些抱卵虾，以满足亲鱼性腺发育需要。从2月开始，即可起捕，选择成熟亲鱼进行人工繁殖。

套养培育，即将大口黑鲈亲鱼套养在草鱼（*Ctenopharyngodon idella*）亲鱼池中，因为草鱼亲鱼池一般水质条件较好，溶解氧量较高，在注换新水和投喂水草的同时，会带进一些野杂鱼虾，可作为大口黑鲈亲鱼的饵料。每池适宜套养5 ～ 10对，不宜过多。冬季要将大口黑鲈捕出集中到专池，以便于越冬管理。

以上两种培育亲鱼方法各有利弊，专池培育的优点是比较集中，便于管理，亲鱼性腺发育整齐，翌春繁殖产卵时间较为一致，缺点是冰鲜鱼来源比较困难。套养培育的优点是饲养成本低，可利用池塘内野杂鱼类作为饵料，缺点是亲鱼性腺发育不一致，难以短期集中产卵。

2. 产卵池的建造

繁殖季节到来之前，要根据生产规模准备好产卵池，可选择水泥池或池塘作为产卵池。用水泥池产卵的，面积10 ～ 30m^2，水深0.4 ～ 0.5m，池子四周或中间给每对亲鱼铺设一个用1m^2的方形聚乙烯密网片在池底做成的产卵窝，网片四周用石头压住，中间铺一层建筑用的小石子。池塘产卵池以沙质底斜坡边的土池比较理想，面积以667 ～ 1 334m^2为宜，提前半个月消好毒，放养前7d进水，水深0.8 ～ 1.0m为宜。人工鱼巢以棕榈片为宜，选择宽度大于30cm的棕榈片，使用前去除木质硬化部分，并经过清洗、消毒、暴晒。亲鱼放养后的第2天，在产卵池塘岸边水深50cm位置每间隔1.0 ～ 1.5m设置鱼巢1个，将棕榈片沿池塘岸边的坡底平放并用细竹竿扦插固定。

3. 人工催产

自然或人工培育条件下，到了生殖季节，在我国南方的3月初至5月中旬，水温18 ～ 26℃时，亲鱼一般不需人工催产也能顺利产卵排精，完成受精过程。为了使亲鱼产卵和保持产卵时间一致，一般进行人工催产，但相对于自然产卵受精的受精率要低。催产激素可用鲤脑垂体，胸腔注射，剂量为雌亲鱼用5 ～ 6mg/kg，分2次注射，第一次注射剂量为全量的15%，相隔12 ～ 14h，注射余量；雄亲鱼每尾注射2mg，在雌鱼第二次注射时注射。也可用绒毛膜促性腺激素与鲤脑垂体混合使用，胸腔注射1次，每千克雌鱼注射激素300IU+脑垂体3mg，雄亲鱼剂量减半。

4. 产卵受精

注射后的雌雄鱼按1：（1 ~ 1.5）配组放进水泥池或池塘产卵，水泥池每2 ~ 3m^2放1对，池塘放养密度每亩100 ~ 150对。产卵池最好选择微流水、水质清新的地方。大口黑鲈催产效应时间较长，在水温22 ~ 26℃时，要在注射激素后18 ~ 30h才能发情产卵。催产后，雄鱼会先修筑鱼巢，雌、雄鱼会自动配对，占据卵窝。发情时，雄鱼不断用头部顶撞雌鱼的腹部，之后雌、雄鱼腹部互相紧贴，雌鱼身体急剧抖动产卵，雄鱼即刻射精，完成受精过程。大口黑鲈受精卵呈圆形、浅黄绿色、半透明状，卵径为1.3 ~ 1.5mm，内有金黄色油球。受精卵遇水后即迅速膨胀，出现受精膜及围卵腔，但膨胀卵径只增加0.12mm左右。膨胀后受精卵具黏性，有时彼此粘连成块，附着于鱼巢。产卵池环境要保持安静。大口黑鲈为多次产卵类型，产卵效应时间为1 ~ 2d，一般要第3天才见到有卵在网片上。因此，亲鱼放入产卵池塘后第3天下午开始每隔24h检查鱼巢，发现粘有卵粒应及时收集，并移入孵化池。

5. 受精卵孵化

受精卵保留在产卵池中孵化或捞出洗净进行人工孵化。将当天收集的鱼巢悬挂在木架上放入孵化池中，孵化池密度为每平方米15万～30万粒（鱼巢20 ~ 50片）。微流水充气孵化，保持水深40 ~ 60cm，避免阳光直射，孵化用水要经过过滤，适宜水温20 ~ 30℃，溶解氧>5mg/L。孵化过程保持水温稳定，及时移除已经脱膜的鱼巢和去除杂物。

受精卵的孵化时间与水温呈正比，水温在18 ~ 21℃，孵出仔鱼约需45h；24 ~ 26℃约需30h。大口黑鲈胚胎发育整个过程如下：

胚盘形成期：受精后，卵子因精子进入而激活，原生质向动物极集中，然后凸出形成丘状隆起，形成胚盘。

卵裂期：受精后约1h，随着时间推移，胚盘经过多次分裂，经历2、8、16、32个细胞期和多细胞期，分裂球越分越小，排列逐渐不规则，细胞团隆起呈桑葚状。

囊胚期：受精约5h后，细胞界限模糊不清，在卵黄上方形成高的隆起，胚胎进入囊胚早期；接着囊胚高度降低，并向卵黄部分扩展，进入囊胚中期；

囊胚高度继续下降，成新月形覆盖在卵黄上，此为囊胚晚期。

原肠胚期：受精约13h，胚盘继续扩大，胚环开始出现，进入原肠早期；胚盾出现，胚层下包约达卵黄2/3时，此为原肠中期；胚盾前端稍膨大，下包约达卵黄3/4，进入原肠晚期。

神经胚期：受精约22h，胚体继续下包到卵径4/5时，神经板形成，胚体侧卧，胚盾中线出现略下凹的一神经沟。

胚孔封闭期：胚层完全包围卵黄囊，胚孔关闭，神经板中线略下凹，为胚孔封闭期。

器官形成期：首先胚体中部出现2对体节，神经板头端隆起，进入体节出现期；后在前脑两侧，出现1对肾形的突起，即眼原基，此时为基眼期；随着尾部不断延伸，尾部呈圆形，眼睛开始变圆，为尾芽期；眼杯口出现圆形的晶体，脑部分化明显，为晶体出现期；随后胚胎开始出现微弱的肌肉收缩，第四脑室出现，晶体很清楚，为肌肉效应期；眼后下方出现椭圆形的围心腔，腔内有数个串状细胞，为心脏原基，此时期为心脏出现期；后心脏逐渐变成管状，分为心房、心室，开始做轻微的搏动，不规律，时快时慢，稍后心跳开始加快，进入心跳期。

出膜期：胚胎利用尾部的摆动，头部冲破卵膜，开始出膜，出膜时仔鱼全长约为4.0mm。

第三节　苗种培育

苗种培育是指将出膜后的仔鱼培育到幼鱼的过程，包括仔鱼期、稚鱼期和幼鱼期3个阶段。仔鱼期指孵化出膜到仔鱼卵黄吸收完毕的时期。出膜后前3d的仔鱼以卵黄和油球为营养，为内源营养期。5 ~ 6日龄仔鱼卵黄吸收过半，全长约为6.0mm，可以开始觅食，此时为混合营养期，其开口饵料为轮虫和桡足类无节幼体。出膜后第10 ~ 11天，仔鱼全长达约7.6mm，卵黄完全吸收，胃扩大占据大部分腹腔，鳔增大呈稍扁平的圆锥体状，鳃盖形成。稚鱼期是指完全依靠外源性营养至各鳍条形成的时期，稚鱼全长8.8 ~ 23.0mm，历时13 ~ 14d。稚鱼鳍褶分化，具骨质条，鳍片尚未长完善，第一鳃弓上长出梳齿状鳃耙，胃囊状，幽门垂出现。此阶段的稚鱼主要摄食枝角类，其次为桡足类。幼鱼期是指从各鳍条形成到鳞片完全齐全为止，此时幼鱼全长23.6 ~ 30.3mm，鳞片齐全，口宽2.5 ~ 3.0mm，第一鳃弓上鳃耙呈梳齿状，胃囊状，幽门垂14条，以摄食桡足类为主，枝角类次之，不再摄食轮虫和无节幼体。

一、大口黑鲈育苗设施条件

苗种培育是大口黑鲈整个养殖过程难度最大、技术性最强的阶段，其中驯化是关键环节，决定着育苗成功与否。大口黑鲈孵出第6～7天，卵黄囊消失，开始摄食浮游动物，此后进入鱼苗培育阶段，经40～60d，体长达5～7cm，放池塘大水面养殖。培育池环境、水质等条件，均须符合无公害食品生产的相关规定，并要求电力充足、交通方便、排灌系统等辅助设施完善。大口黑鲈常见培育池有池塘、水泥池、圆桶和帆布池（图1-7）。池塘培育要求面积667～2 001m^2为宜，水深0.8～1.0m，水源充足，水质良好，进排水方便，塘底平坦，池底淤泥较少；水泥池培育一般为20～30m^2为宜，水深0.5～1.0m；帆布池培育以10～20m^2为宜，水深0.5～1.0m。水泥池和帆布池养殖培育至1.5～2.0cm时，若条件允许，最好转入池塘进行进一步培育。

图1-7 大口黑鲈常见育苗设施

A.池塘 B.水泥池 C.圆桶 D.帆布池

二、放养前准备

水泥池和帆布池养殖放苗前需对系统进行彻底消毒，加注新水并曝气，确保水质优良，水源充足。而池塘养殖放苗前需进行彻底清塘，包括清淤、晒塘、

碱化底质以及清除敌害生物、野杂鱼等，然后进水，解毒，培育饵料生物。

1.池塘清淤消毒

放苗前要干塘清淤，平整塘底，以池底淤泥不超过10cm为宜，然后充分暴晒池底，充分去除有害物质，消灭病原，一般晴天需晒20d，阴天需1～2个月，以表面晒成灰白色，裂缝2～3cm为宜（图1-8）。苗种放养前10d左右用生石灰（每亩60～80kg）或漂白粉（每亩10～15kg）进行池塘消毒，约1周后注水至深0.4～0.5m，进水口用60～80目网布过滤，再用聚维酮碘（每亩20～30g）对池水进行消毒，以杀灭病原体、寄生虫等病原，1周后加注水至水深1m以上。冬季育苗可搭建塑料大棚保温，以提高长速和成活率。

图1-8　养殖前池塘清淤消毒

A.干塘清淤，平整塘基　B.晒塘　C.池塘消毒

2.生物饵料培育

开始生物饵料培育前，要保证池塘消毒彻底、水质肥度适度（图1-9）。小于2cm的鱼苗以摄食天然饵料为主，随着鱼苗长大，摄食顺序依次为轮虫、小枝角类和桡足类无节幼体再到摄食大型枝角类。因此，为了确保鱼苗在下塘后

图1-9　生物饵料培育

有充足饵料，池塘水体的肥力要能维持塘内浮游动物种类的自然更替，水体透明度应该保持在20 ~ 30cm，以保证有较高的轮虫及其他浮游动物的丰度。大口黑鲈水花培育提倡“新水放苗”（培水开始到放水花的时间一般不超过5d），此期间定期观察轮虫丰度，尽量保证鱼苗卵黄消失开始摄食时有大量的适口小轮虫，但应避免轮虫繁殖过多导致水体缺氧。

三、苗种放养

1. 苗种选择

选择口碑好的渔场，挑选规格整齐（为同批孵化的苗）、体表清洁、有光泽、集群游动（图1-10）、活泼，且经检疫不带病毒的优质鱼苗。

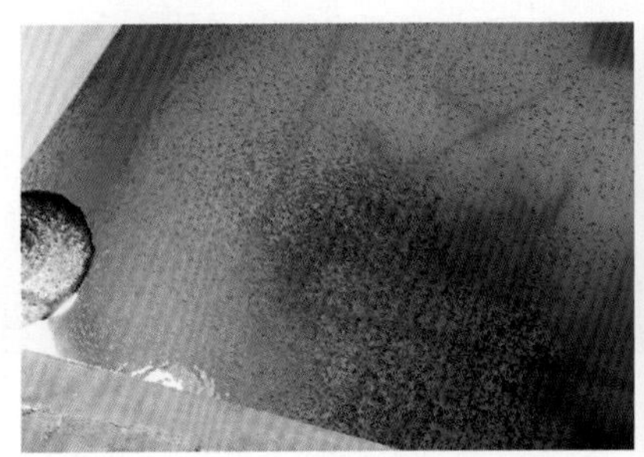
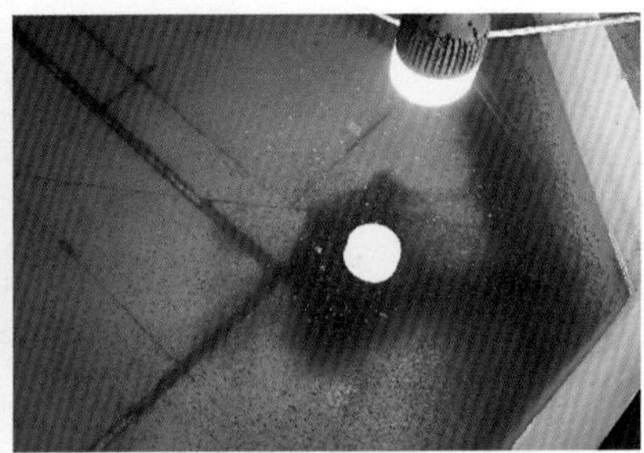

图1-10　鱼苗集群游动

2. 鱼苗运输

鱼苗规格大，短距离的可选择具有保温层的、带氧水车进行运输，途中保证溶解氧充足，水温变化小，运输水温在18 ~ 20℃。规格小，长距离运输可选择氧气袋打包进行快运运输（图1-11）。

图1-11　鱼苗运输

A. 水车运输　B. 氧气袋运输

3. 试水

为了避免清塘药物残留毒害鱼苗，确保水环境适宜，可在大规模放苗前1d取适量鱼苗进行试水，12h成活率达9成以上，即可安全放苗。

4. 苗种投放

根据鱼苗规格和池塘大小选择放养密度，水花密度应控制在每亩15万～20万尾，朝鱼密度每亩3万～5万尾。大口黑鲈鱼苗具有集群效应，密度越高，摄食情况越好，存活率越高，而密度低，易出现个体差异大，同类相残现象严重，出池规格也相对较小。在生物饵料丰度较高的前提下，可以适当地提高池塘水花的放养密度。放苗前注意平衡水温，将装有鱼苗的氧气袋放入水体中平衡水温（晴天需不时浇水淋氧气袋），15～30min后，当氧气袋内水温和池塘水温相差不超过2℃时，再放苗。如果是水车运输，可缓慢加入池塘水进行调温。鱼苗投放宜在晴天中午进行，在池塘上风口放苗最佳，鱼苗下塘后及时做好消毒工作，以防止细菌感染。

四、投喂与驯化

1. 投喂开口饲料

鱼苗出膜3d后，可开始摄食小球藻、轮虫等，数天后能摄食小型枝角类和桡足类无节幼体，鱼苗长至1cm以上可摄食枝角类成体。在此之后，鱼苗的摄食强度会快速增加，这时池塘很容易出现饵料生物不足、鱼苗大量沿塘边巡游的现象，应及时给鱼苗辅助投喂一些冰冻桡足类或从其他池塘收集一些枝角类进行补充投喂。

2. 鱼苗驯化

大口黑鲈苗种驯化是鱼苗培育中最难、最重要的阶段，对苗种培育成活率的影响最大。驯化过程中要尽量勤观察，少量、多餐投喂。在大口黑鲈鱼苗体长为2～3cm时即可驯化投喂人工配合饲料。由于大口黑鲈鱼苗喜欢集群游动、摄食，尤其喜欢在有水流震动处摄食，苗种驯化前期，可使用小水泵在塘边制造流水，吸引大口黑鲈鱼苗聚群觅食，建立其条件反射行为。大口黑鱼苗形成习惯后，在流水处设置饵料台，可以用40目的网布制作一个1m^2左右的料台，放置于水下20～30cm深处（图1-12）。驯化初期，用冰鲜生物饵料掺

图1-12　鱼苗驯化

A、B.驯料台　C、D.驯料

杂一定比例的鱼糜进行投喂，把饵料揉成若干直径为2 ～ 3cm的料团，放置在料台。日投喂5 ～ 6次，先按照鱼苗前期形成的条件反射，开启小水泵制造流水，鱼苗聚集后，往料台上投喂饵料团，观察鱼苗吃食情况，少量多次将饵料投喂完，确保鱼苗饱食。随后每天逐渐减少饵料生物和鱼糜的数量，在料团中逐步添加颗粒饲料粉末，大约驯化到15d以后，完全使用颗粒饲料做成的料团进行投喂，并逐渐缩小料团体积，直至将料团完全替换成颗粒饲料。经1个多月的时间鱼苗可长至3 ～ 4cm，此时宜开始培育鱼种。

3.饲料投喂

鱼种培育时，池塘水深保持在1.0 ～ 1.5m，投喂人工配合饲料，饲料蛋白质含量高于45%。此外，注意饲料颗粒的大小应适口。当规格小于1 600尾/kg，每天可投喂3 ～ 4次，间隔3 ～ 4h投喂1次，日投饵率8% ～ 10%；规格大于1 600尾/kg、小于160尾/kg，每天投喂3次，间隔4h投喂1次，日投饵率3% ～ 5%；规格大于160尾/kg，每天投喂2次，早晚各一餐，间隔10 ～ 12h，日投饵率2% ～ 3%。经过50d左右培育，鱼种规格达到10cm以上时，可转入成鱼池塘饲养。培育过程中要注意水质调控，通过注换水、施用生石灰、调节水位、施用微生物制剂等方式改良水质，保持水质“肥、活、嫩、爽”。

五、分筛

由于大口黑鲈特有的生物学习性，在苗种培育过程中一旦规格不整齐，就

会出现较为严重的残食现象。因此，驯化后期及鱼种培育阶段要及时分筛（图1-13），通常5 ~ 7d分筛1次，保证池中鱼苗规格整齐，避免鱼苗以大吃小，自相残食，提高苗种培育成活率。鱼苗分筛后应注意及时进行消毒，避免细菌感染。

图1-13 鱼苗分筛

六、日常管理

1. 水质管理

根据养殖情况，及时换水保证水质，控制水温日变化不超过3℃，pH 7.8 ~ 8.2，水体溶解氧高于5mg/L，氨氮低于0.4mg/L，亚硝酸盐不超过0.15mg/L。可定期使用芽孢杆菌等微生态制剂调水，分解残饵粪便，保证水质指标正常。

2. 病害防治

坚持以防为主，防治结合观念，用药要遵循《无公害食品 渔用药物使用准则》的规定。在技术人员的指导下，科学用药、防病治病，不滥用渔药，合理地控制鱼苗放养密度。通过定期使用微生物制剂调节水质，使用碘制剂定期消毒、合理使用增氧机等措施保持塘内良好的水质条件，减少鱼苗培育期间病害发生。此外，要定期解剖检查鱼肝是否正常，每天观察鱼苗有无拖便，水面有无漂浮又细又长的粪便、白便。每天观察鱼苗活动状态，有无离群漫游、打转、红头、红嘴，烂身、烂尾、烂嘴、烂眼的现象。定期镜检有无车轮虫、小瓜虫、斜管虫等寄生虫，发现上述问题，应及时处理。

第四节 成鱼养殖

大口黑鲈成鱼养殖主要采用池塘养殖和网箱养殖两种模式（图1-14）。

图1-14　池塘养殖（A）和网箱养殖（B）

随着国家加强水环境生态文明建设，网箱养殖受到严格控制，规模逐步减少。因此，目前大口黑鲈主要是池塘养殖，包括精养模式和混养模式，以精养模式为主。由于精养模式养殖密度高，需要配备增氧机和抽水机械，注、排水口设置密网过滤和防逃，若有微流水养殖效果更佳。苗种主要来源于广东地区，成鱼主产区包括广东省、江苏省、浙江省和安徽省等地。

一、池塘精养

1.池塘条件

池塘面积以2 001 ～ 6 670m^{2}为宜，水深2.5 ～ 3.5m，要求水质良好，水源充足，无污染源，排、灌方便，池底淤泥少，壤土底质，可覆1层细碎沙石。进、排水要求分开，并设置密网过滤和防逃设施，若有微流水养殖效果更佳。精养模式一般密度较高，需要配备增氧机（每亩1 ～ 2台1.5kW叶轮式增氧机）和抽水设备。鱼种放养前20 ～ 30d排干池水，充分暴晒池底，然后注水60 ～ 80cm，每亩用75 ～ 100kg生石灰全池泼洒消毒，1周后再加注新水至1.2 ～ 1.5m，并泼洒碳源、氮源、微量元素等培养藻类，使水质适宜。5 ～ 7d后，经放鱼试水证明无毒性后，方可放养鱼种。

2.鱼种放养

当水温在18℃以上时即可放养鱼种，天气稳定，池塘水质肥活嫩爽，透明度30 ～ 40cm，是放苗的好时机，放养规格以10cm左右为宜，规格力求整齐，避免大小差异悬殊，可减少自相残食，且一次放足。放养密度依据不同养殖地区而异，广东地区每亩放养密度为6 000 ～ 9 000尾，而江苏、浙江一带和四川地区的放养量为3 000 ～ 4 000尾。下塘前，可用3%～ 5%的食盐溶液药浴鱼体5 ～ 10min，以杀灭寄生虫和病菌。

3. 饲料投喂

大口黑鲈饲料为冰鲜杂鱼和颗粒饲料，颗粒饲料要求蛋白质含量达到45%左右。刚开始放下去的大口黑鲈鱼苗，前1 ~ 5d，按照鱼体重的3%左右去投喂，不宜投喂太多，等这几天应激期已过，可开始增加投喂量，饱食投喂，不需控料，保证溶解氧在5mg以上，最好是池塘安装一台“溶氧仪”。鱼苗下塘初始，以人工撒料为佳，做到定时、定位、定量、定质，并视天气、水温和鱼的摄食等情况灵活掌握和调整，可以根据大口黑鲈鱼苗吃料的多少去控制，不浪费料，又可以让大口黑鲈鱼苗都吃到料，且饱食。

4. 日常管理

大口黑鲈放养初期，如水温偏低，池塘水位可以浅一些，以便升温。7—8月，随着水温升高，逐步把塘水加满，扩大养殖空间，以利于其生长。尽量避免使用冰鲜杂鱼，如投喂冰鲜鱼，必须新鲜无变质，以免引发鱼病。每天根据鱼的生长以及水质、天气情况来调节投饲量，尽量不留残饵，避免浪费，也免于造成水质败坏。成鱼养殖期，由于大量投喂饲料，水质容易变差，因此调节水质是保证鱼正常吃食和健康生长的关键，有条件的应每周换水30cm左右。闷热天气，提前换水增氧，合理使用增氧机，防止缺氧浮头现象发生。同时，巧用消毒净水剂，定期使用二氧化氯消毒剂，既可消毒又净化水质。

二、池塘混养

1. 池塘条件

大口黑鲈也可与四大家鱼、罗非鱼（*Oreochromis niloticus*）、胭脂鱼（*Myxocyprinus asiaticus*）、黄颡鱼（*Pelteobagrus fulvidraco*）、鲫（*Carassius auratus*）等混养。与四大家鱼相比，大口黑鲈要求水体中有较高溶解氧量，成鱼养殖池塘一般要求在4mg/L以上，因此池塘面积以2 668 ~ 6 670m^2为宜，以方便管理。可选水质清爽、野杂鱼多、排灌方便、面积在2 668m^2以上的鱼塘进行混养。混养大口黑鲈的池塘，每年都应该清塘，防止大型凶猛性鱼类，如乌鳢（*Channa argus*）、鳜（*Siniperca chuatsi*）存在，影响其存活率。在不改变原有池塘主养品种数量的条件下，增养适当数量的大口黑鲈，既可以清除鱼塘中的野杂鱼虾、水生昆虫、底栖生物等，减少它们对主养品种的影响，又可以增加养殖的收入，提高鱼塘的产量和经济效益。

2. 苗种放养

混养密度视池塘条件而定，如条件适宜，野杂鱼多，大口黑鲈的混养密度可适当高些，但套养池中不可同时混养乌鳢、鳗等肉食性鱼类，以免影响大口黑鲈成活率。放苗时间为每年4月中旬至5月中旬，每亩可放养5 ~ 10cm的大口黑鲈200 ~ 300尾，不用另投饲料，年底可收获达上市规格的大口黑鲈。另外，苗种塘或套养鱼种的池塘不宜混养大口黑鲈，以免伤害小鱼种。混养初期，主养品种规格要大于大口黑鲈规格3倍以上。也有将大口黑鲈与河蟹混养，让河蟹摄食沉积于底层的饵料，以达到清污目的，可取得较好的经济效益。

3. 日常管理

混养塘养殖前期一般不需要专门为其投喂饲料，但到后期如果池塘中各种生物饵料贫乏，或大口黑鲈放养数量过多，池塘生物饵料不能满足其生长的需要时，可向池中投放一批小野杂鱼，补充部分鲜活饵料，以保证大口黑鲈每天都有充足的饵料鱼，促进其生长。

三、网箱养殖

1. 水域选择

选择便于管理、无污染的水库、河流或湖泊，设置网箱的水域应保证水面开阔、背风向阳，底质为砂石，水深最好在4m以上，水体透明度在40cm以上，有微流水最为适宜。

2. 网箱设置

网衣网目大小视鱼种放养规格而定，以不逃鱼为准。网箱结构为敞口框架浮动式，箱架可用毛竹或钢管制成。网箱排列方向与水流方向垂直，呈“品”字形或梅花形等，排与排、箱与箱之间可设过道。网箱可采用抛锚及用绳索拉到岸上固定，也可将网箱以木桩固定，下方四角以卵石等作沉子，上方以铁油桶作浮架，随水位升降而浮动。鱼种放养前7 ~ 10d将新网箱入水布设，让箱体附生一些丝状藻类等，以避免放养后擦伤鱼体。

3. 鱼种放养

按不同规格分级养殖，保持同一网箱鱼体规格基本一致。适宜放养密度

如下：规格在5 ~ 6cm，放养500尾/m^2；体长8 ~ 10cm，250 ~ 300尾/m^2；12cm以上，100 ~ 150尾/m^2，条件较好的密度可适当增加。此外，可套养一些团头鲂、鲫或鳙，以充分利用饲料，净化网箱水质。放养鱼种时可进行药浴消毒处理，以防鱼病。消毒可用3% ~ 5%食盐溶液浸浴5 ~ 10min。

4. 饲料投喂

投喂冰鲜杂鱼或颗粒饲料。如投冰鲜杂鱼，应在鱼苗入箱后前10 ~ 20d投喂鱼浆，随着鱼体长大，改投小鱼块，此后鱼块逐渐加大。投饲方法采用“四定”投饲法：定时，每天固定时间投喂；定位，将饵料投喂在网箱的中间；定量，具体应根据天气、水温的变化和鱼吃食等情况灵活掌握；定质，投喂的冰鲜杂鱼无变质或颗粒饲料不随意更换。

5. 日常管理

勤投喂，鱼体较小时，每天投喂3 ~ 4次，随着鱼体的长大，逐渐减至2餐/d，投饲量视具体情况而定，一般网箱养殖比池塘养殖的投饲量稍多一些。勤洗箱，网箱养鱼容易着生藻类或其他附生物，堵塞网眼，影响水体交换，引起鱼类缺氧窒息，故要常洗刷，保证水流畅通。勤分箱，养殖一段时间后，鱼的个体大小参差不齐，会影响生长，且大口黑鲈生性凶残，放养密度大时，若投饲不足，就会互相残食。勤巡箱，经常检查网箱的破损情况，以防逃鱼。同时，做好防洪、防台风工作，在台风期到来之前将网箱转移到能避风的安全地带，并加固锚绳及钢索。

第五节　养殖病害概况

近年来，随着大口黑鲈养殖集约化程度提高，养殖密度的增加，部分地区亩产可高达5t以上。一些养殖户过于追求产量和眼前利益，不注重可持续发展，养殖户管理和规范用药意识差，大口黑鲈病害暴发逐年上升，病害呈现种类多、危害面广和经济损失严重等特点。目前，大口黑鲈育苗及养殖过程出现的病害种类达30多种，病原种类涵盖病毒、细菌、真菌和寄生虫等，病害发生涉及鱼苗、鱼种和成鱼养殖各个阶段，不同地域和养殖模式发生的病害种类存在较大差异。

生产上发生且危害严重的病害有大口黑鲈虹彩病毒病、弹状病毒病、诺卡氏菌病、爱德华氏菌病、车轮虫病、锚头鳋病和水霉病等；细胞肿大属虹彩病毒病和神经坏死病毒病等零星发生，但近年来在广东等地区有流行加剧的趋势。大口黑鲈病害发生的种类常随着不同生长阶段而变化。以病毒病为例，在苗期阶段易感染弹状病毒，其他养殖阶段则易感染蛙属虹彩病毒（图1-15）。

图1-15　大口黑鲈主要病害概况

1.病毒性疾病

大口黑鲈病毒性疾病包括大口黑鲈虹彩病毒病、传染性脾肾坏死病毒病和弹状病毒病等。虹彩病毒病是由大口黑鲈虹彩病毒（Largemouth bass rana virus，LMBV）感染引起，属于蛙病毒属的虹彩病毒。1991年，从美国佛罗里达州维尔湖的大口黑鲈体内首次分离出LMBV，随后从其他地区分离出的虹彩病毒不断被证实为LMBV；我国LMBV首次发现于2006年，邓国成等于2009年从体表大片溃烂的大口黑鲈身上分离出该病毒。该病的发病水温在25 ～ 30℃，可危害鱼苗至成鱼的整个养殖阶段，发病病程较长，以体表溃疡为主要特征。大口黑鲈虹彩病毒病在全国各地大口黑鲈养殖中均有流行，隐性带毒的情况比较普遍。脾肾坏死病由传染性脾肾坏死病毒（Infection spleen and kidney necrosis virus，ISKNV）引起，该病原属于肿大病毒属的虹彩病毒，于1992年首次从真鲷（*Pagrosomus major*）组织中发现，随后东亚、东南亚、欧洲均有暴发。1999年，广东省养殖鳜暴发流行病，证实病原为ISKNV。同年，何建国等通过人工试验，证实大口黑鲈可感染ISKNV，死亡率达100%。2006年，我国首次在大口黑鲈上发现自然感染的ISKNV。该病在水温28 ～ 30℃时易流行，主要危害成鱼，感染发病时常呈暴发性死亡。弹状病毒病由大口黑鲈弹状病毒（*Micropterus salmoides* rhabdo virus，MSRV）感染引起。国外研究人员于1995年首次从大口黑鲈体内分离得到弹状病毒，国内则在2011年从广东省中山市池塘养殖患病大口黑鲈体内分离到，此次病毒暴发导致近万条大口黑鲈苗种死亡，

死亡率接近40%。之后，该病毒在广东省各地区养殖场相继暴发，主要感染苗期（2 ~ 6cm），导致严重的经济损失。水温在20 ~ 25℃时最易发病，特别是在水温突然升高或降低时容易暴发，该病主要危害鱼苗，传播速度快、死亡率高。目前，对于病毒性疾病的治疗无有效的药物，开展早期的检测与诊断尤为重要。

2.细菌性疾病

大口黑鲈常见细菌性病害为柱状黄杆菌病、气单胞菌病、诺卡氏菌病和爱德华氏菌病等。柱状黄杆菌病由柱状黄杆菌（*Flavobacterium columnaris*）感染引起，发病水温25 ~ 28℃，对鱼种和成鱼都有危害，高密度或网箱养殖的大口黑鲈更易发病，4—5月为高发期，死亡率可达60%。气单胞菌病表现为肠炎等病症，主要由维氏气单胞菌（*Aeromonas veronii*）和嗜水气单胞菌（*A.hydrophila*）等病原感染导致，发病水温在30℃左右，不同养殖阶段均可感染发病，大多与摄食不洁饵料有关，一旦感染发病可导致暴发性死亡，死亡率较高。诺卡氏菌病由鰤诺卡氏菌（*Nocardia seriolae*）感染引起，发病水温25 ~ 28℃，主要危害中成鱼，诺卡氏菌病为慢性疾病，潜伏期长，其发病率和死亡率都较高，且严重影响成鱼的商品价值，诺卡氏菌是腐生、条件致病菌，其感染与养殖环境、宿主抵抗力密切相关。爱德华氏菌病近年来呈现流行暴发趋势，发病鱼主要出现腹水、肠炎等症状，由迟缓爱德华氏菌（*Edwardsiella tarda*）和杀鱼爱德华氏菌（*Edwardsiella piscicida*）引起，主要危害规格较大的大口黑鲈，流行水温20 ~ 25℃，该病多为寄生虫的继发感染，死亡率不高。由于在养殖过程中有些养殖户缺乏科学用药意识，滥用抗生素导致细菌耐药性增强，一些病原菌抗原结构和血清型又复杂多变，使得细菌性疾病的预防和控制越加困难。尽管免疫学治疗和生物防治等新的防治手段相继出现，但由于养殖环境和经济效益等限制，使用抗生素治疗仍是细菌性疾病的主要手段。目前，被允许用于水产养殖的抗生素非常有限，最新的《水产养殖用药明白纸2022年2号》显示，仅13种抗生素制剂可供选择。

3.寄生虫病

大口黑鲈寄生虫种类主要包括车轮虫、斜管虫、指环虫、累枝虫、锚头鳋和锥体虫等。车轮虫、斜管虫、小瓜虫、指环虫等对鱼苗和苗种危害较大，可造成鳃丝损伤，引起苗种大量死亡。累枝虫、锚头鳋等主要危害成鱼，其附着于宿主体表、鳃和口腔等处，严重寄生时可导致死亡。寄生虫病害的防控除了确诊病原、针对性用药外，还要做好养殖池塘的水质调控。

4. 真菌病

危害大口黑鲈的真菌主要为水霉、丝囊霉菌、鳃霉和镰刀菌等。真菌病不仅危害大口黑鲈的幼体及成体，也危及卵。水霉和丝囊霉菌为条件致病菌，多发生于刮伤和冻伤后，12月至翌年4月为高发期，从鱼苗到成鱼均可发生，轻则失去商品价值，重则导致病鱼大量死亡。鳃霉病偶见于大口黑鲈养殖的中成鱼阶段（200 ~ 500g/尾），发病率较低，流行特点不详。镰刀菌病偶发于网箱养殖及越冬池中高密度养殖，鱼体受伤易发生该病。

除了上述生物性病原外，大口黑鲈养殖过程中非生物性病因也应引起重视，如非正常的水温、盐度、溶解氧、酸碱度、透明度、H2S、NH3-N和余氯等环境因素；营养不良；自身先天或遗传的缺陷；应激和机械损伤等。这些因素都直接或间接导致大口黑鲈的病害加剧。因此，大口黑鲈的病害防控涉及养殖环境、养殖技术与管理、苗种体质等诸多方面。特别在高密度的精养模式下，环境条件、鱼体密度、饵料质量等因素都与自然放养状况下差别很大，如管理不善极易引起各种病害。大口黑鲈病害发生原因多样，但归根到底是受三大因素的共同影响，即环境、病原和鱼体抵抗力，任意其中一个因素或两个因素组的影响，都可能使鱼出现亚健康状态。针对大口黑鲈病害日益严重和药物滥用问题，一方面，养殖密度需合理，不应过度追求产量，营造良好的池塘环境，减少病害的发生；另一方面，相关科研单位、企业要建立快速检测技术，加快相关疫苗、微生态制剂、良种培育等研发，减少传统抗生素、杀虫剂的使用，更多地采用中草药、微生态制剂、免疫增强剂和疫苗等更加生态环保的防治技术。做好大口黑鲈的病害防控工作，应树立“重在预防”“综合防治”和“健康养殖”的防治理念，在养殖之前和养殖过程中都要重视病害的预防工作。

参考文献

白俊杰，李胜杰，等，2013. 大口黑鲈遗传育种[M]. 北京：海洋出版社.

崔庆奎，沈志刚，田宇，等，2021. 大口黑鲈的卵巢发育周年变化及反季节繁殖研究[J]. 水生生物学报，45(1): 13.

刘筠，1993. 中国养殖鱼类繁殖生理学[M]. 北京：农业出版社.

刘文生，林焯坤，彭锐民，1955. 加州鲈鱼胚胎及幼鱼发育的研究[J]. 华南农业大学学报，16(2): 7.

Bailey R W, Hubbs C L, 1949.The black basses (*Micropterus*) of Florida, with description of a new species[J].University of Michigan Museum of Zoology Occasional Papers, 516: 1-40.

Brown M L, Kasiga T, Spengler D E, et al., 2019.Reproductive cycle of northern largemouth bass *Micropterus salmoides* salmoides[J].Journal of Experimental Zoology Part A: Ecological and Integrative Physiology, 331(10): 540-551.

CABI.2009.*Micropterus salmoides* (largemouth bass) [EB/OL].https: //www.cabidigitallibrary.org/doi/10.1079/cabicompendium.74846.

Carey J, Judge D, 2000.Longevity Records: Life Spans of Mammals, Birds, Amphibians, Reptiles, and Fish[M].Denmark: Odense University Press.

David H B, Gibbons J W.1975.Reproductive cycles of largemouth bass (*Micropterus salmoides*) in a cooling reservoir[J], Transactions of the American Fisheries Society, 104: 77-82.

Hambright K R, Trebatoski R, Drenner D, et al., 1986.Experimental study of the impacts of bluegill (*Lepomis macrochirus*) and largemouth bass (*Micropterus salmoides*) on pond community structure[J].Canadian Journal of Fisheries and Aquatic Sciences, 43/6: 1171-1176.

Hickley P, North R, Muchiri S, et al, 1994.The diet of largemouth bass, *Micropterus salmoides*, in Lake Naivasha, Kenya[J].Journal of Fish Biology, 44/4: 607-619.

Johnke, W, 1995.The behavior and habits of largemouth bass[M].Uniondale, NY: Dorbil Publishing Company.

Kawamura G, Kishimoto T, 2002.Color vision, accommodation and visual acuity in the largemouth bass[J].Fisheries Science, 68/5: 1041-1046.

Mearelli M, Lorenzoni M, Dorr A, et al., 2002.Growth and reproduction of largemouth bass (*Micropterus salmoides* Lacépède, 1802) in Lake Trasimeno (Umbria, Italy)[J]. Fisheries Research, 56/1: 89-95.

Pereira F W, Vitule J R S, 2019.The largemouth bass *Micropterus salmoides* (Lacepède, 1802): impacts of a powerful freshwater fish predator outside of its native range[J]. Reviews in Fish Biology and Fisheries, 29: 639-652.

Wikipedia, 2022.Largemouth bass[EB/OL].https: //en.wikipedia.org/wiki/Largemouth_bass.

第二章　大口黑鲈病毒性疾病

第一节　弹状病毒病

一、病原

病原为大口黑鲈弹状病毒（*Micropterus salmoides* rhabdovirus，MSRV），属于弹状病毒科（Rhabdoviridae）。弹状病毒是硬骨鱼类病毒中数量较多的群体之一，国际病毒分类委员会（International committeeon taxonomy of viruses，ICTV）根据L蛋白序列系统发育分析，将弹状病毒科分为40个属，246个种。鱼类的弹状病毒主要集中在*Perhabdovirus*、*Sprivivirus*和*Novirhabdovirus* 3个属，但仍有多种鱼类弹状病毒未被分类，包括MSRV等。系统发育分析表明MSRV与*Perhabdovirus*聚为一支，与杂交鳢弹状病毒和鳜鱼弹状病毒亲缘关系最近。

MSRV形态与其他大部分弹状病毒相似，病毒颗粒呈子弹状，大小为53nm × 140nm，具有囊膜，囊膜含有宿主脂质和病毒糖蛋白突起（图2-1）。内

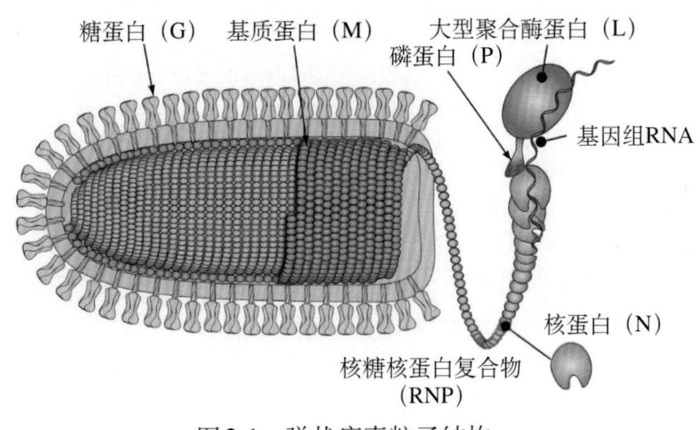

图2-1　弹状病毒粒子结构

（引自ICTV）

含一条非节段、反义的单链RNA，基因组大小为11 ～ 15kb。编码5种主要的蛋白，分别为核蛋白、磷酸化蛋白、基质蛋白、糖蛋白及RNA依赖的RNA聚合酶蛋白。

MSRV最适增殖温度为18 ～ 25℃，能够在大口黑鲈皮肤细胞和心脏细胞、草鱼卵巢细胞、鳜鱼脑细胞等多种鱼类细胞系上增殖，并引起细胞病变效应。病毒在pH 7 ～ 10时稳定，在紫外线或X线作用下迅速灭活，对脂溶剂敏感。病毒主要通过水平传播，也可以随鱼卵进行垂直传播。MSRV通过各种排泄物进入水体，病毒通过水或者污染了的饵料传播。

二、流行情况

大口黑鲈弹状病毒病在欧洲、美国、丹麦、泰国等地区皆有发现，2011年首次在我国广东省中山市养殖的大口黑鲈体内分离出MSRV。近年来，该病毒在广东大口黑鲈主要苗种养殖地区流行，每年的2—4月和11至翌年1月为其流行季节，水温18 ～ 23℃时为发病高发期，特别是温度突然升高、降低时鱼体较易发病。该病主要在苗种培育及养殖早期阶段暴发，严重危害2 ～ 6cm的鱼苗，致死率在30% ～ 50%，对中成鱼虽具危害性，但死亡率较低。

三、临床症状和病理变化

患病大口黑鲈鱼苗的典型症状为昏睡、不集群、停止摄食，在水面漫游，严重者表现为不规则或螺旋状游泳（打转）（图2-2A）。大多被感染的鱼腹部肿胀、体色发白，鳃部有出血症状，腹部充血。剖检发现病鱼肝严重肿大、充血，呈“花肝”，脾、肾肿大，胃肠空虚无食。有的鱼体消瘦甚至出现弯曲。

病鱼组织经过苏木精-伊红染色观察，在肝、脾、肾等主要器官均发生不同程度的病变（图2-3）。脾血管和脾窦内大量淤血；脾实质细胞呈现严重的弥漫性坏死，坏死细胞核固缩、崩解，有的还保持原来的细胞核或细胞轮廓，细胞大量坏死导致脾实质细胞稀疏，特别是淋巴细胞稀少。肾的血管内淤积大量血液；肾间淋巴组织细胞呈现较严重的弥散性坏死；在多数病例中，肾小管上皮细胞轻度坏死，表现为细胞崩解，但细胞核、细胞轮廓仍完整。肝的血管和肝窦内淤积大量血液；肝细胞呈不同程度的空泡变性和弥散性坏死，肝细胞肿大、界限不清，细胞索排列紊乱；少数病例肝细胞呈散在性坏死；部分病例的肝出现少量坏死灶，坏死灶内肝细胞崩解，周围由增生的肉芽组织包绕。肠腔内无内容物，但结构正常。

图2-2　大口黑鲈感染弹状病毒主要临床症状

A.病鱼打转　B.腹部肿胀　C.肛门拖便　D.肛门附近肌肉出血

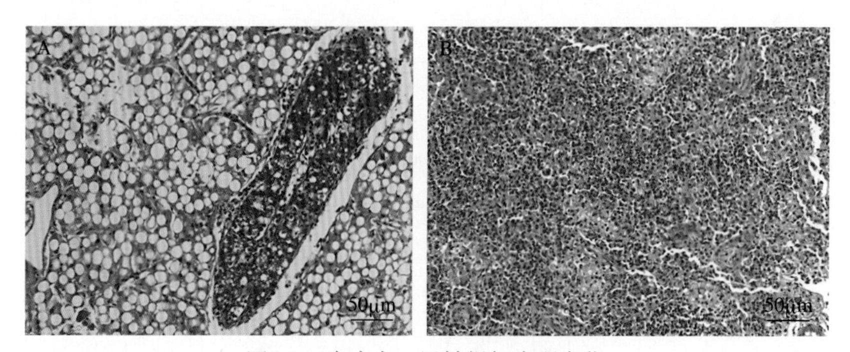

图2-3　患病大口黑鲈组织病理变化

A.肝淤血，肝细胞空泡变性　B.脾淤血

四、诊断方法

1.临床症状诊断

MSRV主要感染大口黑鲈幼鱼。临床症状主要表现为病鱼螺旋状游泳、体色发白、食欲不振、漫游或离群等明显现象，可通过病毒分离培养鉴定、电镜检测、核酸检测等多种方法实验室进一步检测确诊。目前，生产中广泛应用的诊断方法为核酸检测，而病毒分离培养鉴定和电镜检测更多应用于科研。

2.病毒分离培养鉴定

采集有临床症状的鱼，体长6cm以上的，取肝、脾、肾等组织，对于

较小的鱼苗则取整条。组织研磨后用10倍含有双抗（1 000U/mL青霉素和1 000μg/mL链霉素）的细胞培养液稀释，在无菌瓶中4℃下保存过夜。过夜样品接种到24h内新鲜草鱼卵巢细胞株CO细胞等敏感单层细胞中，25 ~ 28℃培养，盲传一次后不出现细胞病变，则判断为阴性。若出现细胞收缩变圆、聚集成团，或者明显空斑等病变，可初步判断为病毒感染（图2-4）。可进一步进行电镜检测和核酸检测等进行确认。

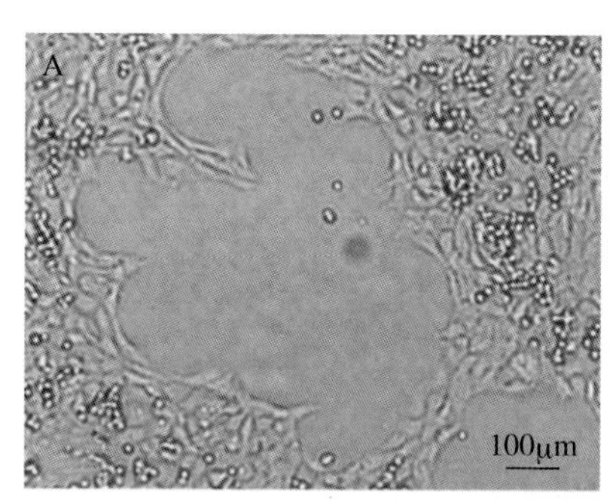

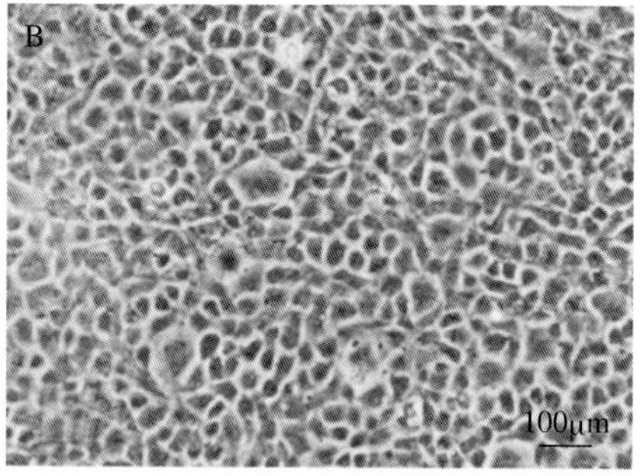

图2-4 大口黑鲈弹状病毒在草鱼卵巢细胞株上的病变情况

A.接种病毒2d的CO细胞 B.正常的CO细胞

（引自袁雪梅等，2020）

3.电镜检测

由于病毒的大小超过了光学显微镜的分辨能力，通常只有在电镜下放大几万至几十万倍才能观察病毒的形态。临床上可以用电镜观察病鱼组织超薄切片或者负染细胞分离培养后的病毒悬液样本来检测MSRV。此标本制备方法有两种：①超薄切片法，也称正染法，标本用戊二醛固定，经过脱水、包埋、切片、染色后，观察病毒颗粒，本法操作复杂，但标本可长期保存；②负染法，直接将病毒悬液（也可用细胞）滴在铜网上，用重金属盐（通常用磷钨酸）进行染色，观察病毒颗粒，10 ~ 20min可出结果，负染技术基于负性染料不渗入病毒颗粒，而是将病毒颗粒包绕，由于负性染料含重金属，不穿透电子束，使病毒颗粒具有亮度，在周围暗背景上显示亮区（图2-5），

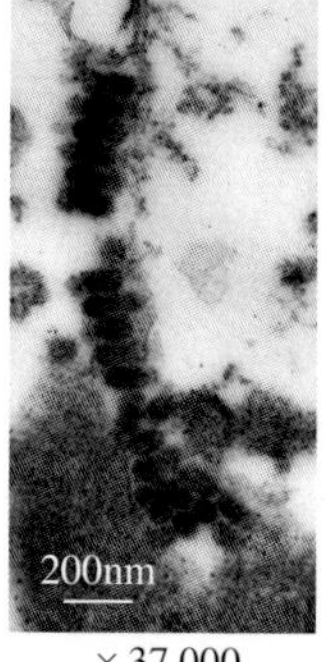

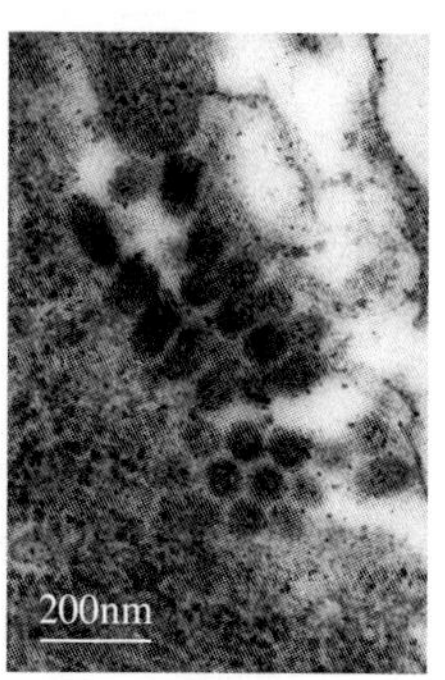

×37 000 ×52 000

图2-5 弹状病毒细胞质内呈规则排列的病毒粒子

（引自曾伟伟等，2013）

这种方法较正染法显示的图像清晰，可显示病毒的表面结构，其缺点是敏感性低。

4. 核酸检测

病毒内含有核酸，为脱氧核糖核酸（DNA）或核糖核酸（RNA），病毒中特异性核酸序列是区分该病毒与其他病原体的标志物，MSRV是一种RNA的病毒。

（1）*RT-PCR检测方法*　提取病鱼组织的RNA，经过逆转录后作为模板，采用弹状病毒检测引物（可选择上游引物P1：5'-ATAAGGGTAGTTGAGAAGAAG-3'和下游引物P2：5'-CTTCTTGTTGCTCTTCTTAAA-3'，扩增片段大小为372 bp）进行PCR扩增后，进行琼脂糖凝胶电泳，根据有无目的条带即可判定，也可进一步测序后，进行核苷酸序列比对确定病毒种类。

（2）*实时荧光定量检测方法*　在临床检测中也被广泛采用，在提取病鱼组织的RNA后，经过逆转录后作为模板，采用弹状病毒TaqMan实时荧光定量PCR进行检测，通过Ct值大小即可判定是否感染MSRV。

五、防治

目前，大口黑鲈弹状病毒病务必以防为主，具体预防措施如下：

1. 放苗前后处理

苗种放养前，应对池塘及养殖工具进行彻底消毒，对养殖时间长、淤泥较深的池塘要清淤，充分暴晒；投放苗种前，应严格对种苗进行检测和消毒，避免病原从种苗带入。

2. 养殖过程处理

养殖过程中，以调水改底为主，适时使用底质改良剂和水质改良剂、微生物制剂等进行调水改底，营造良好、稳定的水质环境，尽量减少加水、换水的频率，以降低感染风险。在投喂管理上，选用优质、高效的饲料进行投喂，坚持“定时、定点、定质、定量”的原则，科学投喂，并定期拌喂体质增强剂、免疫增强剂等，提高鱼体健康度和抵抗力。在病原管控上，要避免投喂不洁饵料，以免食源引入病原，在加水、换水或降水等事件后，及时使用优质高效的碘类消毒剂进行水体消毒，抑杀病原，降低发病风险。

3.免疫防控

适当使用免疫增强剂提高大口黑鲈免疫力，降低发病率。免疫增强剂主要包括动植物提取物、多糖、营养元素、化学合成物、激素或其他细胞因子等。有研究发现，使用膳食纤维、黄芪多糖和壳寡糖、复方中草药（黄芩、黄柏、大黄、大青叶）、维生素E、维生素C、抗菌肽和枯草芽孢杆菌等，可提高大口黑鲈免疫力，促进免疫保护作用。此外，连翘、黄芪多糖、金银花及白芍等植物提取物，对抑制MSRV的感染具有一定效果。疫苗是病害防治的有效手段，其可以刺激机体产生特异抗体，促进机体免疫应答反应。水产上针对鱼类弹状病毒的疫苗处于研究阶段，截至2022年12月，尚未有商品化的MSRV疫苗得到市场准入许可。

4.药物防控

选择针对性的药物预防大口黑鲈弹状病毒病的发生，鸟嘌呤核苷、牛蒡子苷元和阿糖腺苷作为抗病毒药物具有高效抗MSRV活性，对病毒增殖的抑制率较高。此外，利巴韦林在体外和体内均表现出良好抗MSRV感染作用，腹腔注射和口服利巴韦林，可明显提高大口黑鲈存活率，并显著降低肝、脾和肾组织中病毒表达量。使用疗效较好的中草药进行防控，香豆素、柠檬苦素、甘草酸、连翘苷等提取物，可使大口黑鲈存活率提高30%；此外，秦皮水提物、秦皮乙素、桑叶水提物、异槲皮苷等均具有抗病毒作用，可用于抗鱼类弹状病毒和虹彩病毒感染。

第二节　蛙属虹彩病毒病

一、病原

大口黑鲈虹彩病毒（Largemouth bass virus，LMBV）属于虹彩病毒科（Iridoviridae）、蛙病毒属（*Ranavirus*）。根据国际病毒分类委员会的分类显示，虹彩病毒科包含7个属，其中蛙病毒属（*Ranavirus*）、淋巴囊肿病毒属（*Lymphocystivirus*）、细胞肿大病毒属（*Megalocytivirus*）主要感染两栖动物、鱼类和爬行类，而蛙属虹彩病毒是虹彩病毒科中成员最多的属。虹彩病毒粒子为二十面体结构，分为3层：外部蛋白质衣壳，中间脂质膜和包含DNA-蛋白质复合物的中央核心（图2-6）。LMBV直径为150 ～ 170 nm，为单分子线性双链DNA病毒，基因组大小为100 ～ 210 kb。

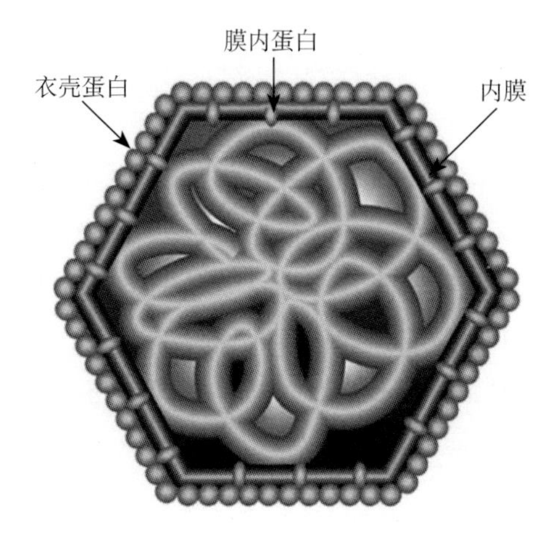

图2-6　虹彩病毒结构
（引自 Darcy-Tripier，1984）

LMBV在温度为28 ～ 30℃时，能够在大口黑鲈心脏细胞、蓝太阳鱼鳃细胞、胖头鱥肌肉细胞等多种鱼类细胞系上增殖，并且引起细胞病变。对有机溶剂敏感，如用乙醚处理后，病毒的传染性显著降低，但对次氯酸钠、碘复合物等消毒剂具有一定抵抗力。LMBV主要通过水平传播和扩散，人工感染试验和孵化场还未发现垂直传播的病例。感染LMBV主要是通过在水体里接触病原或者食入带病鱼饵，病毒感染后恢复的鱼通常也是病毒携带者，也是病毒的传播源。除了鱼类，实验室感染试验表明，LMBV在两栖类和禽类中可以存活，水陆传播LMBV存在可能。

二、流行情况

1991年，LMBV首次在美国佛罗里达州患病大口黑鲈体内发现，随后几年大口黑鲈虹彩病毒病相继在美国的亚拉巴马州、佐治亚州和密西西比州等20多个州暴发，并传播到欧洲等地区，美国源LMBV感染宿主范围广泛，涉及鱼类、两栖类、爬行类近百种水生动物，已在多个鲈科鱼类，如蓝鳃太阳鱼（*Lepomis macrochirus*）、小口黑鲈（*Micropterus dolomieu*）、白鲈（*Morone americana*）、大口黑鲈和黑鲷（*Acanthopagrus schlegelii*）等其他鱼体中检测到，但大口黑鲈为敏感宿主，感染后呈现明显临床症状和较高的死亡率。2008年，LMBV首次在广东地区发现，随后在全国各地频繁暴发，目前该病是我国大口黑鲈养殖中严重的病害之一。LMBV全年均有发生，一般在夏季暴发，主

要发生在25 ~ 32℃高水温期，30℃水温最容易暴发该病，发病率达到30%，病死率最高可达60%，死亡率与养殖密度、水质、天气、用药和人为操作（如过塘、加水）等关系密切。LMBV可感染几乎所有规格的大口黑鲈，对中小规格鱼种危害最大、致死率最高。

三、症状和病理变化

不同规格的大口黑鲈感染LMBV的症状差异很大。小规格苗种（3 ~ 5cm）感染，常见病鱼腹部中央有红点；大规格苗种（6 ~ 10cm）感染，则以体表大量斑点状溃疡灶或头部、鳃颊红肿出血为主，有时可见肝出现白斑（不同于诺卡氏菌感染引起的肝结节，此白斑仅出现于肝，且触感较滑）；中成鱼阶段（50 ~ 200g/尾），则以体表大面积深度溃疡为主（图2-7），但往往由于存在其他病原混合感染而表现出多种复杂的症状。

图2-7　患病大口黑鲈体表及内脏症状

A、B、C体表溃烂　D.肝肿大　E.肝坏死，脾肿大　F.肝出现白斑

病理分析发现，患病大口黑鲈病灶出现严重坏死性肌炎，坏死的肌纤维周围有大量淋巴细胞浸润；肝内可见多灶性坏死，在坏死区可见肝细胞核固缩及细胞碎片分布；脾细胞广泛性坏死伴淋巴细胞减少；肾内肾间质坏死，肾小管上皮变性坏死（图2-8）。

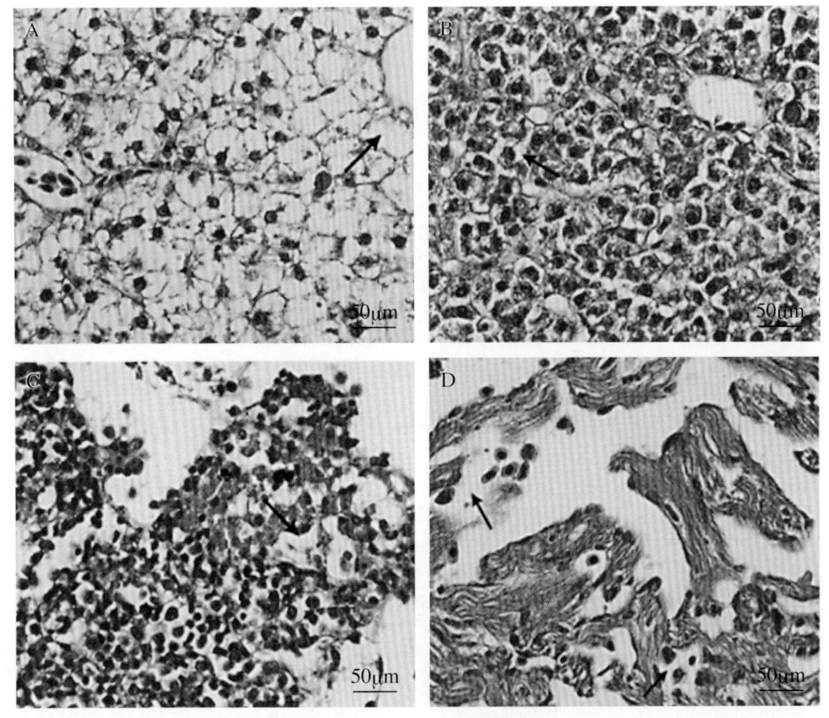

图2-8　患病大口黑鲈的组织学观察

A.肝细胞肿胀，细胞质空泡　B.肝板结构轻度紊乱，细胞质稀疏淡染　C.无肾单位及明显肾小梁结构，黑色素巨噬细胞破裂　D.心室外膜纤维坏死，心房广泛见肌纤维坏死、溶解，并见较多炎性细胞渗出，动脉球外膜层亦见结缔组织坏死

（引自杨展展等，2022）

四、诊断

1.临床症状诊断

患病的大口黑鲈一般表现出嗜睡，食欲不振，游动缓慢，有溃疡和肌肉坏死等溃疡综合征的典型症状，体表可见多处溃烂及出血点，鳍条基部、尾柄处红肿出血。解剖可见鱼鳔膨大，布满红色气腺，有时鱼鳔中有黄色或褐色蜡样分泌物。脾肿大，颜色暗红发黑，肝发白并有出血点。LMBV可以导致大面积鱼发病死亡，也有部分鱼并不表现任何症状，呈隐性带毒。

2.病毒分离培养

LMBV感染胖头鲅肌肉细胞8h后，细胞间隙变大，细胞贴壁程度下降，与对照组相比可见细胞形态缩小，有少量圆形细胞变亮；感染12h后，部分区

域出现小的空洞，少量细胞死亡脱落，漂浮至上层液体中；感染16h后，小空洞逐渐增多；感染20h后，小空洞边缘的细胞逐渐脱离，此时上层液体已经混浊，漂浮着大量死亡细胞；感染24h后，仅剩约20%的细胞贴壁，视野中可见大空洞形成网状。同时，未感染的阴性对照组细胞一直呈单层生长，形态正常，贴壁状态良好。

3. 电镜检测

LMBV颗粒呈二十面立体晶格状排列，并且可见具有衣壳和核心的成熟病毒颗粒和正在装配仅有衣壳的未成熟病毒颗粒，细胞核出现核物质边缘化（图2-9）。

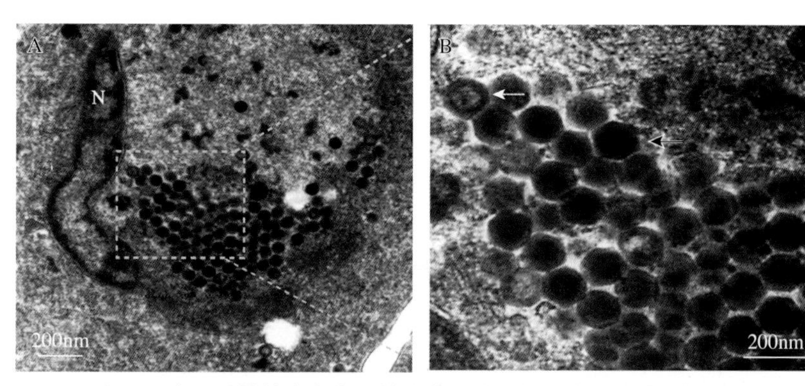

图2-9 大口黑鲈蛙病毒湖北株感染鳜脑组织细胞的透射电镜观察

A.细胞质中晶格状排列的病毒颗粒 B.中白色方框区域放大；黑色箭头，成熟病毒颗粒；白色箭头表示未成熟病毒颗粒；N为细胞核

（引自罗晓雯等，2022）

4. 核酸检测

核酸检测是临床上常用的诊断方法。

（1）*普通PCR检测方法* 提取病鱼组织的DNA，采用LMBV检测引物（可选择上游引物F:5'-TATGTGCTCAACTCTTGGCTGGTC-3'和下游引物R:5'-CCACGATGGGCTTGACTTCTCC-3'，扩增片段大小为475 bp）进行PCR扩增后，进行琼脂糖凝胶电泳，根据有无目的条带即可判定，也可进一步测序后，进行核苷酸序列比对确定病毒种类。

（2）*实时荧光定量检测方法* 提取病鱼组织的DNA，采用LMBV TaqMan实时荧光定量PCR进行检测，通过*Ct*值大小即可判定是否感染LMBV。

五、防治

目前，无防治大口黑鲈虹彩病毒病的有效药物和疫苗，苗种检疫及感染初期的正确处置是控制该病暴发的主要措施。

1. 加强苗种检疫，选购无携带病原的苗种

在放养鱼苗前，务必进行苗场检疫，检测大口黑鲈常见病毒，如大口黑鲈虹彩病毒、传染性脾肾坏死病毒、大口黑鲈弹状病毒等，选购无携带病原的苗种。

2. 加强日常的防护工作

在养殖过程中，一方面，以微生物制剂等调水为主，尽量避免换水，如确需换水，应先了解近期周边有无发病池塘排水，确保在水源质量良好时进行，换水后及时使用复合碘等进行水体消毒，以免从水源感染。另一方面，以投喂人工配合饲料为主，尽量避免使用冻虫、冰鲜浆等饵料，这些饵料存在一定的携带病原风险，也容易引起鱼体消化不良，降低免疫力，从而诱发病害。此外，环境的剧变，如水温的升高、溶解氧含量偏低、拉网刺激等，会引起鱼体的强烈应激，也容易导致鱼体抵抗力下降而暴发病害。建议定期拌喂保健成分，以增强鱼体体质，同时在强应激事件前后泼洒牛磺酸、维生素C等，也可一定程度减缓鱼体的应激，减小发病风险。

3. 疫苗保护

目前，国内不少科研机构在攻关大口黑鲈虹彩病毒、大口黑鲈弹状病毒等常见病毒疫苗。据报道，实验室内验证LMBV灭活疫苗对大口黑鲈免疫保护率为18%～23%，而LMBV的DNA疫苗效果相对较好，对强毒株的人工感染存活率可以达到60%以上，但尚未有LMBV的疫苗产品上市，在养殖过程中以预防为主，治疗为辅的策略，加强日常管理与防控工作更为关键。

第三节　细胞肿大属虹彩病毒病

一、病原

病原为传染性脾肾坏死病毒（Infection spleen and kidney necrosis virus，ISKNV），隶属虹彩病毒科（Iridoviridae）细胞肿大病毒属（*Megalocytivirus*），

该属虹彩病毒是鱼类重要的病毒性病原之一，严重阻碍了鱼类养殖业健康发展，并造成重大的经济损失。病毒粒子直径为140 ~ 200nm，呈现二十面体对称结构，无囊膜（图2-6）；基因组DNA甲基化，为双链DNA病毒，大小为105 ~ 118kb。细胞肿大属虹彩病毒置于−20℃以下保存可存活20个月左右。通过56℃，30min的加热、紫外照射、乙醚以及暴露于pH3以下或pH11以上环境均可灭活该属病毒。反复冻融可使病毒的感染活力显著降低。细胞肿大虹彩病毒通过水平和垂直两种途径进行传播，生产上主要通过水平传播，一是经食物通过口和消化道传播；二是经养殖水体通过鳃和破损的皮肤感染。

二、流行情况

1992年，该病毒首次在患病真鲷组织中发现，随后在东亚、东南亚及欧洲等多个地区暴发，目前已被发现感染的宿主有鲈形目、鲽形目、鳕形目和鲀形目近百种海水、淡水鱼类。1997年，ISKNV在广东养殖鳜（*Siniperca chuatsi*）暴发流行，随后被证明能人工感染大口黑鲈，死亡率可达100%。2009年，广东佛山地区首次发现养殖的大口黑鲈自然感染ISKNV。细胞肿大属虹彩病毒病受水温影响，当水温为25 ~ 30℃时大口黑鲈易发该病，主要发生在夏秋季节，而温度高于34℃或低于18℃时该属病毒都会被抑制，鱼感染后不易发病。细胞肿大属虹彩病毒病可感染大口黑鲈幼鱼和成鱼，死亡率为30%（成鱼阶段）到100%（幼苗阶段）不等。相对LMBV，该病毒的流行性较低，很多时候和LMBV混合感染。

三、症状和病理变化

病鱼主要表现为水面离群慢游，鳃丝变白或伴有出血点，肝脏肿大变白或土黄色，少数鱼肝脏有出血斑，脾脏肿大变暗红色，肾脏也肿大（图2-10）；部分病鱼腹隔膜破裂、溃烂，黏在一起。部分病鱼体色变黑，下颌至腹部发红，眼眶四周充血，严重时个别眼球突出。

细胞肿大属虹彩病毒通常会导致病鱼的脾、肾等靶器官内出现特征明显的两类病变细胞，一类是数量不多，但明显肿大、胞质匀质化的肥大细胞；另一类是病毒释放后的坏死粒细胞，这类细胞就比较多，细胞质中有大量坏死的细胞器，因此被命名为“细胞肿大”虹彩病毒。病鱼的肝、脾、肾、肠道和鳃等组织均出现了不同程度的组织病理变化。细胞肿大病毒属的虹彩病毒导致上述各器官出现大小不一、数量众多、形态多样、处在不同发育阶段的肿大细胞，其中肝和脾是感染细胞肿大属虹彩病毒主要的靶器官。

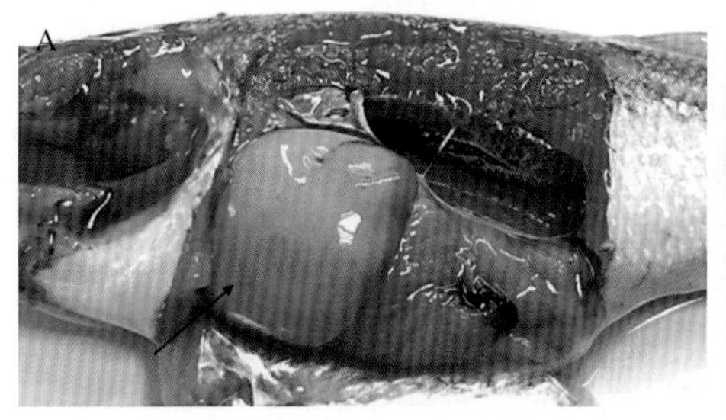

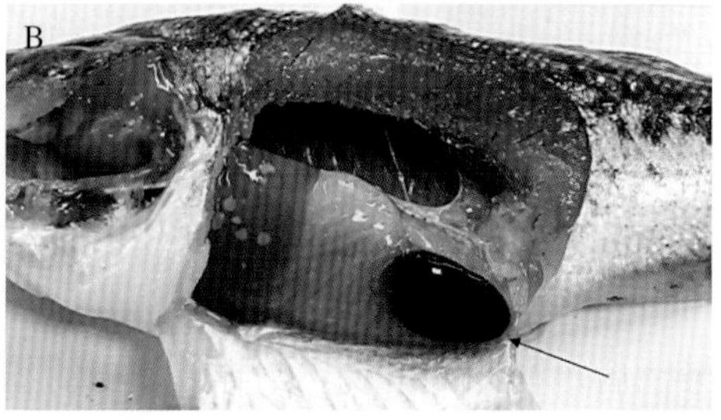

图2-10　发病大口黑鲈症状

A.脾肿大　B.肝肿大

肿大细胞出现的同时，肝淤血，肝细胞界限不明，细胞肿胀，肝实质细胞稀疏，严重者肝细胞呈颗粒变性，局部坏死。脾除有大量肿大细胞外，淤血、出血严重、有血液淤滞，严重的会出现脾组织大面积严重坏死，淋巴细胞消失。肾仅有少数肿大细胞，但可见淤血、坏死，肾小球毛细血管扩张充血，肾小管颗粒变性，淋巴样组织坏死，血管壁坏死。鳃小片淤血，细胞坏死，有嗜酸性粒细胞。肠上皮结构不清晰，严重者完全脱落，淋巴细胞增生，轻微淤血，有红细胞浸润（图2-11）。

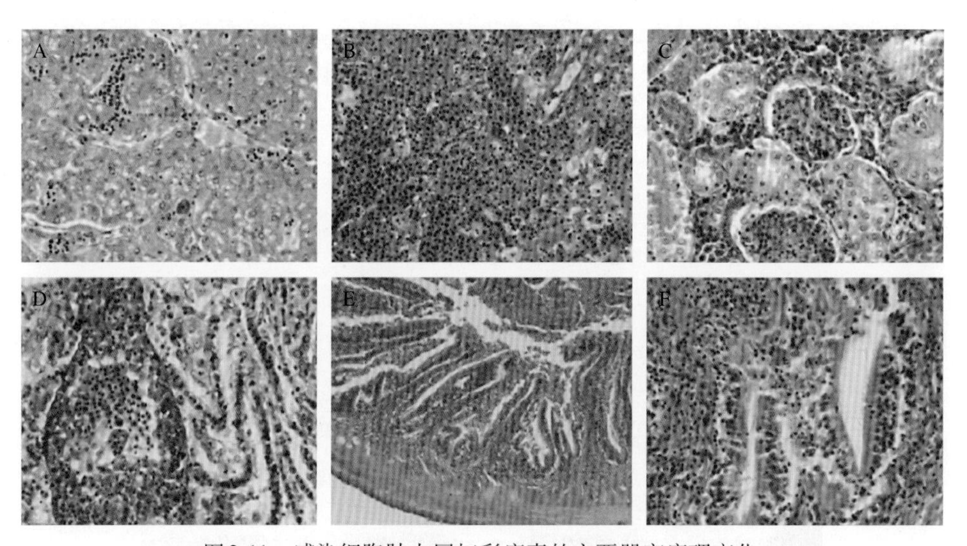

图2-11　感染细胞肿大属虹彩病毒的主要器官病理变化

A.肝细胞坏死　B.脾大量肿大细胞　C.肾少量肿大细胞　D.鳃坏死，嗜酸性粒细胞
E.肠上皮淋巴细胞增生　F.肠上皮红细胞浸润
（引自雷燕，2015）

四、诊断

1. 临床症状诊断

外观上，病鱼脾肿大，取病鱼脾、肝、心脏、肾或鳃组织，切片，吉姆萨染色后，在光镜下观察到异常肥大的细胞，可做出初步诊断。

2. 病毒分离培养鉴定

研究发现，鳜脑组织细胞系（CPB）和鳜仔鱼细胞系（MFF-1）对ISKNV高度敏感，适合用来进行ISKNV的分离培养。ISKNV感染1～2d时鳜脑组织细胞主要表现为一定程度的皱缩和少量变圆；感染第3天，细胞呈现变圆肿大，这是细胞肿大属虹彩病毒感染最明显的特征；感染后4～5d，大量细胞崩解脱落。

3. 电镜检测

电透射电镜观察是病毒感染的重要直观证据，ISKNV感染CPB细胞的72h时，已经在CPB细胞中大量复制，在胞质内可见大量包装完整的成熟病毒粒子，同时也存在大量的未组装完成的未成熟病毒粒子（图2-12）。

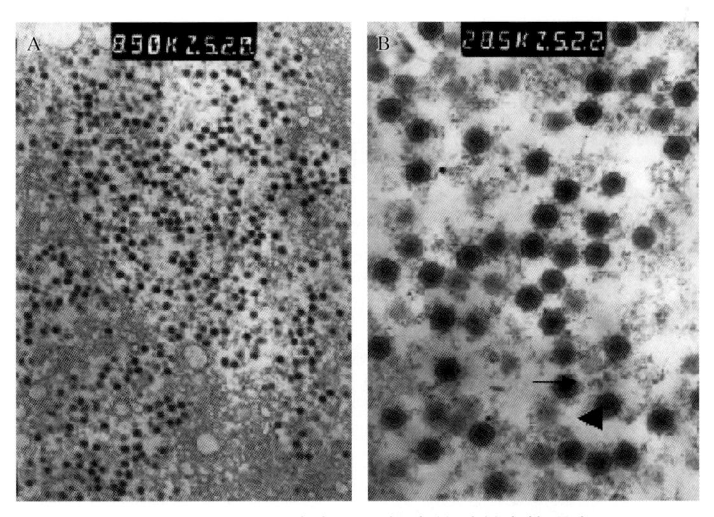

图2-12　ISKNV感染CPB细胞的透射电镜观察

A.感染细胞内看到大量的病毒粒子（×8 900）　B.病毒感染放大图（×28 500）
长箭头表示成熟病毒粒子，三角形表示未成熟病毒粒子
（引自付小哲，2017）

4. PCR检测方法

核酸检测是临床上常用的诊断和检疫手段。

（1）*普通PCR* 提取病鱼组织的DNA，采用ISKNV检测引物（可选择上游引物F:5'-ATGCTCATTGAACAGTGCCAGGTG-3'和下游引物R:5'-GGTGGAGCCGAGGGGTGTTC-3'，扩增片段大小为262 bp）进行PCR扩增后，进行琼脂糖凝胶电泳，根据有无目的条带即可判定，也可进一步测序后，进行核苷酸序列比对确定病毒种类。

（2）*实时荧光定量检测方法* 提取病鱼组织的DNA，采用ISKNV TaqMan实时荧光定量PCR进行检测，通过*Ct*值大小即可判定是否感染ISKNV。

五、防治

1.清塘

苗种放前，养殖池塘进行干塘清淤，选择连续晴好天气，使用大量生石灰化水全塘泼浇，并连续太阳暴晒1周以上，对塘底淤泥进行翻动，确保塘底病原能完全被生石灰产生的高pH和阳光中的紫外线杀灭。

2.控制苗种放养密度

苗种放养时，根据养殖设施和条件合理安排放养密度，建议每亩放养朝苗3 000尾左右，最多不要超过5 000尾，或育苗驯食后应及时撤围网放大水面养殖或分塘，以降低养殖密度，降低发病风险。

3.加强养殖管理

在养殖过程中，合理使用藻类微肥以及芽孢杆菌、乳酸菌等有益菌，维持水体适宜的肥度和稳定性，确保溶解氧充足，尽量减少水质波动；选择优质的饲料，适量投喂，切勿猛加料等。在流行高峰期，可定期拌喂五黄类中草药、活力多维等以清热解毒，增强体质；并在高发节点使用复合碘、五黄类中草药等进行水体消毒，减少水体病原，降低发病风险。

4.发病期要采取科学用药和防疫措施

发病期要科学判断发病原因，若出现疑似症状，送至专业检测机构进行检测，及时停料和控料，切忌盲目用药；尽量保持池塘原有水环境（水温、水位

等）；使用较温和的消毒剂，如聚维酮碘等进行全塘消毒1 ~ 2次，使用微生物制剂调节水质，确保水质清爽。每天增加巡塘次数，发现病鱼、死鱼及时捞除并进行无害处理。发病鱼塘内的水不要随意排放，与未发病鱼塘不要使用相同的渔具，以防交叉污染。

第四节　神经坏死病毒病

一、病原

病毒性神经坏死病毒（Nervous necrosis virus，NNV）属于诺达病毒科（Nodavirus）、β诺达病毒属（*Betanodavirus*）。病毒无囊膜，呈球形或二十面体形态（图2-13），病毒粒子直径为25 ~ 33 nm，它的基因组由两个正向单链RNA分子组成，分别为RNA1和RNA2，病毒粒子由衣壳蛋白和基因组两部分组成。

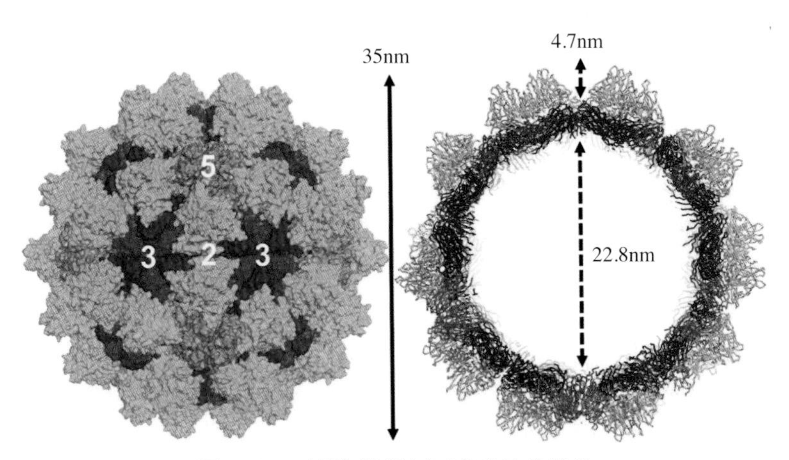

图2-13　石斑鱼神经坏死病毒总体结构

表面域彩色图（左）和中心腔（右）。尖端距离为～350 Å，中心腔体直径为约22.8nm，衣壳表面尖突为约4.7nm。亚基A、B和C的s域分别用橙色、蓝色和红色表示，p域用青色表示。
（引自Chen et al., 2015）

目前，普遍以日本学家Nishizawas划分的分类系统为NNV分类的主要依据，根据RNA2中的T4区，可将NNV分为4种主要基因型：河鲀NNV（Tiger puffer NNV，TPNNV）、鲹NNV（Striped jack NNV，SJNNV）、鲆鲽NNV（Buffer flounder NNV，BFNNV）、赤点石斑鱼NNV（Red-spotted grouper NNV，RGNNV）。RGNNV最佳复制温度为25 ~ 30℃，BFNNV为15 ~ 20℃，SJNNV和TPNNV

分别为20 ～ 25℃和20℃。血清学检测将病毒分为A型、B型和C型3种主要血清型。SJNNV属于A型血清，TPNNV为B型，BFNNV和RGNNV一致，为C型血清。感染大口黑鲈的病毒性神经坏死病病毒与RGNNV亲缘关系较近。神经坏死性病毒衣壳蛋白是病毒颗粒中唯一的外部病毒结构蛋白，与病毒的感染过程密切相关，衣壳蛋白C-末端区域已被证明为毒力和宿主特异性的重要决定因素。NNV对热和酸碱都比较敏感，对氯仿不敏感。

NNV的传播方式分为水平传播和垂直传播。病毒可从病鱼、携带病毒的水生动物、受污染的水源等水平传播，病鱼整个生命周期内均可为传播源，养殖密度和水温是该病毒水平传播过程中的重要影响因素。垂直传播，即亲鱼感染病毒使受精卵和所繁殖的后代也带有病毒，鱼苗孵化不久即发病大量死亡，垂直传播是NNV主要感染途径。NNV主要危害病鱼的中枢神经系统，特别是脑和视网膜，所以又被称为空泡性脑-视网膜病。该病对各国水产养殖造成的巨大危害，各国都将其作为海水鱼类疫病检疫和监测的对象。

二、流行情况

病毒性神经性坏死病毒是一种世界范围内流行、严重危害多种海水和淡水鱼类的传染性病原，目前已有19目54科120种以上的鱼类受到该病的危害，且受危害种类和受危害程度呈现不断增加的趋势，尤其对仔鱼和幼鱼危害巨大，严重者在1周内死亡率可达100%。病毒性神经性坏死病毒病于1990年首次在日本条石鲷（*Oplegnathus fasciatus*）报道，随后在澳大利亚和中国相继发现。我国2001年首次在广东省大亚湾赤点石斑鱼（*Epinephelus akaara*）中分离得到神经坏死病毒。NNV的流行具有明显的季节性，每年4—9月为发病期，流行高峰期为6—8月，主要感染规格是孵化不久的小鱼苗，一般在孵化后1 ～ 3周开始发病，严重者孵化后1 ～ 2d就开始发病死亡。近年来，NNV逐渐向淡水鱼类蔓延，在广东地区养殖的大口黑鲈鱼苗中也可检测到神经坏死病毒感染，2021年才见有大口黑鲈发病的研究报道，但目前在大口黑鲈上还缺乏详细的监测数据。

三、症状和病理变化

病鱼常表现为游泳不协调，螺旋状游泳，或腹部朝上漂浮于水面，或急促游动等典型神经症状，体色发黑，鱼鳔肿胀导致腹部膨大，食欲减退，活力极差，随着水流漂动，部分鱼苗有短暂的狂游现象。

对患病鱼苗进行组织病理学观察，可以看到典型的脑和视网膜组织大量空

泡化，主要存在于端脑、间脑、小脑和延脑，很多神经元核周体细胞质具有大空泡，感染细胞表现出明显的收缩、致密变化和嗜碱特性，脑神经细胞降解，在较高分辨倍数下，在神经细胞的细胞质中可见嗜碱性的包涵体（图2-14）。眼室中可见从视网膜上脱落的受感染细胞。病鱼的脊髓和骨髓也表现出明显的空泡，特别是与鳔相近的骨髓部分，空泡化比较严重，偶尔在肠的上皮层也观察到空泡。

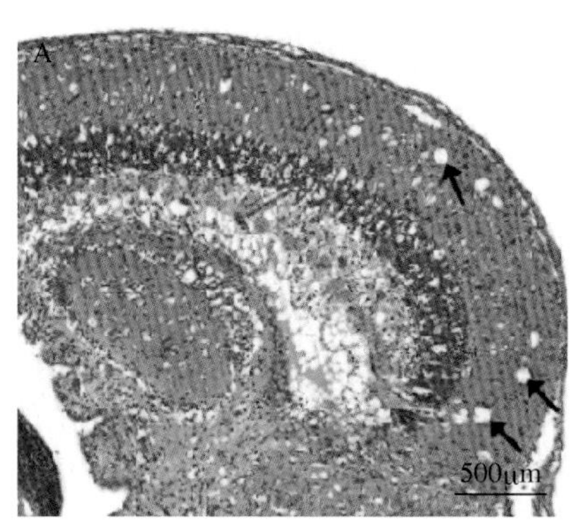

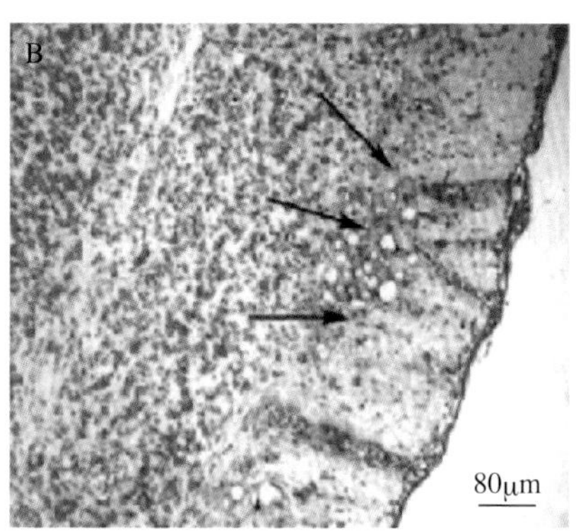

图2-14　鱼类神经坏死病毒病病理变化

A.视网膜空泡化（引自罗卫，2008）　B.脑部空泡化（引自朱松，2020）

四、诊断

1.临床症状诊断

根据鱼体色发黑、螺旋状游泳等典型症状及流行情况做出初步诊断。

2.细胞分离培养

实验证实，来自13种海水鱼类仔、稚鱼的17株鱼类诺达病毒，包括了4种基因型的病毒，可以感染条纹鳢SSN-1细胞系。大口黑鲈神经坏死病毒广东株在感染SSN-1细胞72h后出现明显的细胞病变。

3.电镜检测

透射电镜观察大口黑鲈神经坏死病毒广东株感染SSN-1细胞，可发现20 ～ 30nm的病毒粒子（图2-15）。

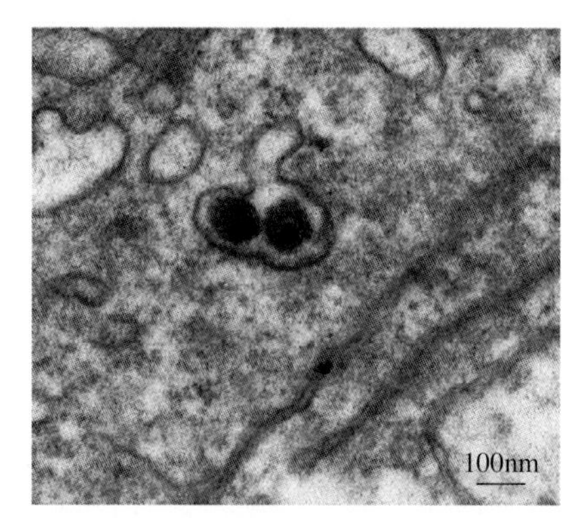

图2-15　大口黑鲈神经坏死病毒感染细胞的透射电镜观察

（引自Cai et al.，2022）

4. 核酸检测

（1）*RT-PCR检测方法* 提取病鱼组织的RNA，经过逆转录后作为模板，采用神经坏死病毒检测引物（可选择上游引物F：5′-CGTGTCAGTCATGTGTCGCT-3′和下游引物R：5′-CGAGTCAACACGGGTGAAGA-3′，扩增片段大小为421bp）进行PCR扩增后，进行琼脂糖凝胶电泳，根据有无目的条带即可判定，也可进一步测序后，进行核苷酸序列比对确定病毒种类。

（2）*实时荧光定量检测方法* 提取病鱼组织的RNA，经过逆转录后作为模板，采用大口黑鲈神经坏死病毒TaqMan实时荧光定量PCR进行检测，通过Ct值大小即可判定是否感染大口黑鲈神经坏死病毒。

五、防治

目前，神经坏死病毒病防控还存在瓶颈，切断垂直传播途径是关键环节。

1. 强化亲本选育

挑选健康、抗病成鱼培育后备亲鱼，繁殖前对亲鱼进行神经坏死病毒检测，淘汰携带病毒亲本。

2. 卵消毒

使用臭氧、碘试剂等对受精卵、水体进行消毒可以减少病毒的传播。

3. 水质管理

做好水质管理与饲喂工作，具体可参照大口黑鲈其他病毒病的防治措施。

参考文献

曾伟伟，王庆，王英英，等，2013. 一株鳢科鱼源弹状病毒的分离及鉴定[J]. 水产学报，37(9): 1416-1424.

陈文捷，刘晓丹，胡先勤，等，2014. 鱼类神经坏死病毒研究进展与发展趋势[J]. 水产学报，38(9): 1666-1672.

邓国成，白俊杰，李胜杰，等，2011. 大口黑鲈池塘养殖常见病害及其防治[J]. 广东农业科学，38(18): 102-103+137.

邓国成，谢骏，李胜杰，等，2009. 大口黑鲈病毒性溃疡病病原的分离和鉴定[J]. 水产学报，33(5): 871-877.

董寒旭，曾伟伟，2022. 大口黑鲈蛙虹彩病毒病研究进展[J]. 病毒学报，38(3): 746-756.

付小哲，2017. 鳜传染性脾肾坏死病毒敏感细胞系的建立及病毒增殖依赖于谷氨酰胺的机制研究[D]. 陕西: 西北农林科技大学.

巩金鹏，潘晓艺，蔺凌云，等，2022. 大口黑鲈虹彩病毒TaqMan荧光定量PCR检测方法的建立与应用[J]. 中国预防兽医学报，44(5): 508-513+543.

杭小英，袁雪梅，吕孙建，等，2021. 抗大口黑鲈弹状病毒中草药的筛选及抗病毒效果[J]. 江苏农业科学，49(14): 155-159.

黄剑南，郭志勋，冯娟，等，2006. 鱼类诺达病毒及其所导致的疾病[J]. 水产学报(6): 831-836.

雷燕，2015. 大口黑鲈鱼弹状病毒病流行特点及综合防控技术[J]. 2015, 当代水产，40(5): 76.

雷燕，戚瑞荣，崔龙波，等，2015. 大口黑鲈鱼种弹状病毒病的诊断[J]. 大连海洋大学学报，30(3): 305-308.

李新辉，吴淑勤，潘厚军，等，1997. 一种检测鳜鱼病毒方法[J]. 中国水产科学(S1): 113-115.

林鑫，黄剑南，翁少萍，等，2005. 赤点石斑鱼病毒性神经坏死症的组织病理和电镜观察[J]. 水产学报(4): 519-523.

刘春，曾伟伟，王庆，等，2014. 杂交鳢(斑鳢♀×乌鳢♂)弹状病毒TaqMan实时荧光定量PCR检测方法的建立及应用[J]. 水产学报，38(1): 136-142.

罗卫，2008. 鱼类病毒性神经坏死病的病原学研究及检测方法的建立[D]. 武汉: 华中农业大学.

罗晓雯，沈锦玉，阳涛，等，2022. 一株湖北源大口黑鲈蛙病毒的分离鉴定[J]. 中国水产科学，29(3): 494-502.

马冬梅，邓国成，白俊杰，等，2011. 大口黑鲈肝脾肿大病病原研究[J]. 中国水产科学，18(3): 654-660.

王庆，曾伟伟，刘春，等，2013. 大口黑鲈虹彩病毒双重PCR检测方法的建立[J]. 武汉: 华中农业大学学报，32(4): 106-110.

杨展展，李宁求，林强，等，2022. 大口黑鲈蛙病毒分子流行病学及组织病理分析[J]. 水产学报(6): 046.

袁雪梅，吕孙建，施伟达，等，2020. 大口黑鲈弹状病毒的分离培养及其卵黄抗体的制备[J]. 渔业科学进展，41(3): 151-157.

朱松，2020. 抗鱼类神经坏死病毒纳米靶向给药系统研究[D]. 杨凌：西北农林科技大学.

Cai J, Yu D, Xia H, et al., 2022. Identification and characterization of a nervous necrosis virus isolated from largemouth bass (*Micropterus salmoides*)[J]. Journal of Fish Diseases, 45(4): 607-611.

Chen N C, Yoshimura M, Guan H H, et al., 2015. Crystal Structures of a Piscine Betanodavirus: Mechanisms of Capsid Assembly and Viral Infection[J]. PLoS Pathog, 11(10): e1005203.

Chinchar V G, Hick P, Ince I A, et al., 2017. ICTV Virus Taxonomy Profile: Iridoviridae[J]. Journal of General Virology, 98, 890–891.

Darcy-Tripier F, Nermut M V, Braunwald J, et al., 1984. The organization of frog virus 3 as revealed by freeze-etching[J]. Virology, 138(2): 287-299.

Feng Z, Chu X, Han, M, et al., 2022. Rapid visual detection of *Micropterus salmoides* rhabdovirus using recombinase polymerase amplification combined with lateral flow dipsticks[J]. Journal of Fish Diseases, 45: 461–469.

Jin Y, Bergmann S M, Mai Q, et al., 2022. Simultaneous Isolation and Identification of Largemouth Bass Virus and Rhabdovirus from Moribund Largemouth Bass (*Micropterus salmoides*)[J]. Viruses, 14(8): 1643.

第三章　大口黑鲈细菌病

第一节　诺卡氏菌病

一、病原

诺卡氏菌（*Nocardia* spp.）是一种好氧革兰氏阳性菌，属于放线菌门（Actinobacteria）、放线菌目（Actinobacterales）、诺卡氏菌科（Nocardiaceae）、诺卡氏菌属（*Nocardia*）。鱼类诺卡氏菌病为慢性全身性疾病，典型症状主要包括皮肤的溃疡灶和内脏器官肉芽肿病变。目前记录对鱼类具有致病性的诺卡氏菌有3种，星状诺卡氏菌（*N.asteroides*）、鰤诺卡氏菌（*N.seriolae*）和杀鲑诺卡氏菌（*N.salmonicide*），在大口黑鲈中流行的为鰤诺卡氏菌。

诺卡氏菌为革兰氏阳性菌，具有弱抗酸性，呈细长分枝状，常断裂成杆状至球状体，无运动能力，不生孢子（图3-1）。菌体直径0.2 ~ 1.0μm，长2.0 ~ 5.0μm，丝状体长10 ~ 50μm。菌落呈白色或淡黄色，形态为沙粒或花瓣状，粗糙易碎，边缘不规则，表面有时凸起形成皱褶，如培养时间超过2

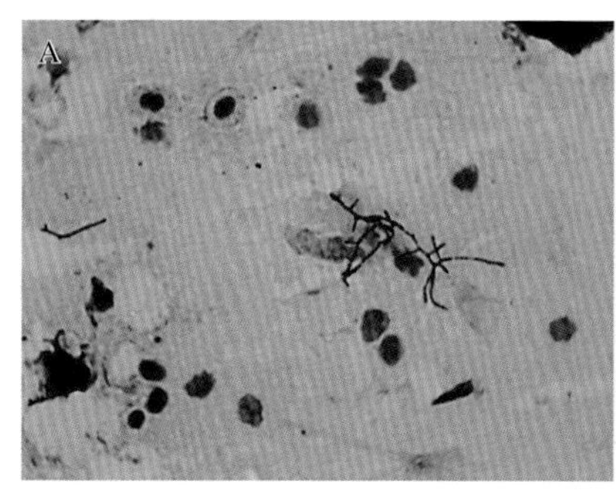
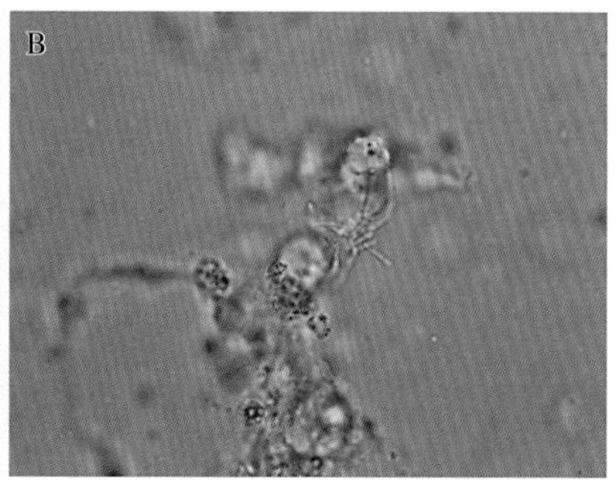

图3-1　诺卡氏菌形态

A.肾涂片革兰氏染色呈阳性　B.光学显微镜下的形态

周，会形成疣状的致密坚硬菌落（图3-2）。诺卡氏菌细菌生长缓慢，在28℃固体培养的条件下，需5 ~ 14d能形成菌落。在液体培养基中培养时，诺卡氏菌会形成菌膜，浮于液面，液体澄清。液体培养初期为没有横膈的菌丝体，逐渐变为长杆状、短杆状，以至球形，有时产生菌丝。其最适温度为25 ~ 28℃；生长的盐度和pH分别为0 ~ 4.5和5.8 ~ 8.5。

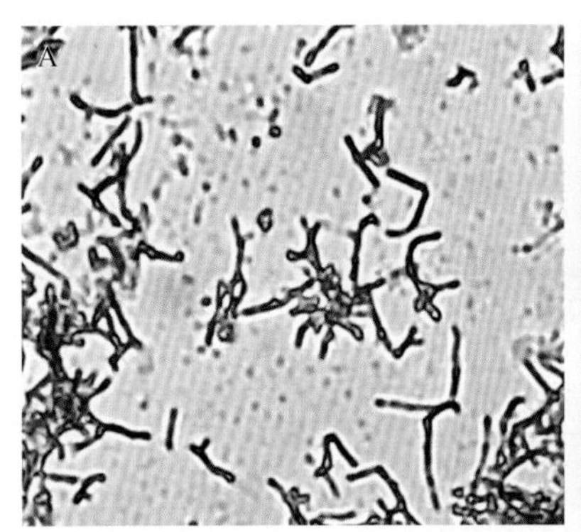
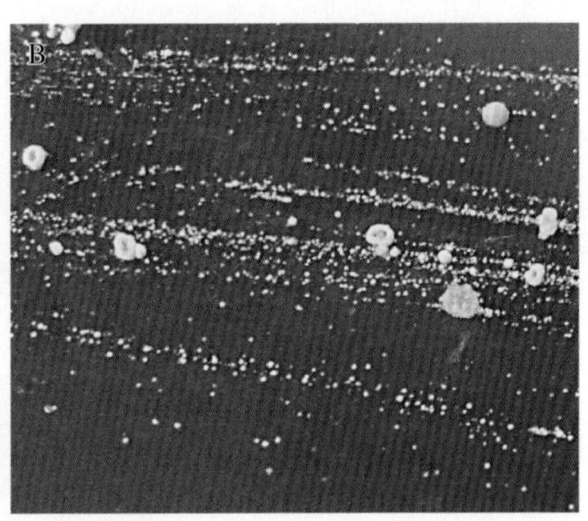

图3-2　诺卡氏菌形态

A.革兰氏染色光镜下形态　B.BHI培养基菌落形态

二、流行情况

诺卡氏菌可通过养殖鱼类的消化道、鳃或体表创伤口而感染。该病全年均可发病，适应水温广，15 ~ 32℃时均有流行，以水温25 ~ 28℃时发病最为严重，大口黑鲈诺卡氏菌病发病高峰为6—10月。大口黑鲈养殖中后期，规格大于20cm的中成鱼易发此病。该病最大特点是潜伏期长，发病早期病鱼的症状不明显，但随着病情发展，一旦病鱼出现明显症状时，其感染率已经较高，治疗难度很大，死亡率较大。自然发病死亡率为15% ~ 30%，严重的可达到60%，而人工感染的死亡率高达90% ~ 100%。

三、临床症状和病理变化

鱼在发病早期无明显症状，随着病情加重，鱼开始表现出反应迟钝、食欲减退、上浮水面等症状，部分鱼体表出现创伤、溃烂出血、鳍基充血等现象，并伴有肛门红肿，腹部肿大，并逐渐死亡（图3-3）。部分严重感染的病鱼可见眼睛膨大凸起，鳃丝出现大量白色结节，尤以秋冬季常见。解剖观察发现，肿大的腹腔内有少量透明或淡黄色液体，在肝、脾、肾、心脏、胆囊和鳔等内脏组织中有乳白色或淡黄色结节出现，直径0.1 ~ 0.2cm，大者可达0.5cm以上，

其中肝、脾和肾的结节数量较多，几乎布满整个器官表面，其他内脏组织较少，部分病鱼在肾处形成巨大的囊肿物（图3-4）。

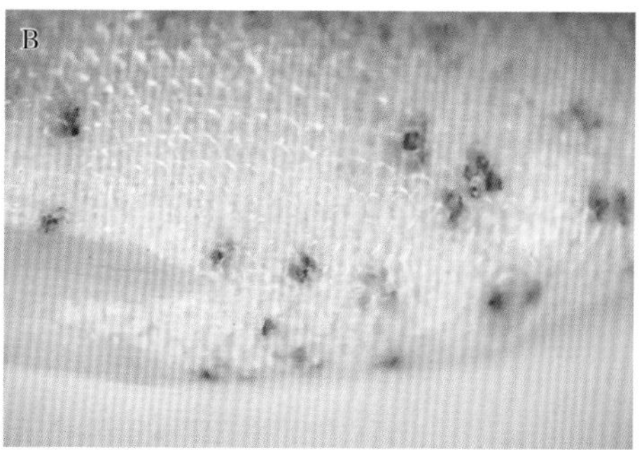

图3-3　病原体表溃疡

图3-4　大口黑鲈诺卡氏菌病临床症状

A.鳃结节　B.内脏结节　C.脾结节　D.肌肉结节

这些结节的结构基本一致，中心有干酪样坏死，外部有中性粒细胞等细胞浸润，最外层还有成纤维细胞和纤维细胞形成的包膜。脾中结节分布整个器官，结节中心由坏死的细胞碎片和菌落聚集组成，结节外层常有纤维细胞包围，细胞界限不清晰。肾组织分布大小不一的结节病灶，其结构异常致密，分界显著。病鱼肝细胞病变严重，呈空泡样坏死，且肝组织中脂肪变性。在病变肌肉组织中，肌纤维不规则聚集呈团块状，肌肉间隙加宽，部分病鱼肌肉有白色结节（图3-5、图3-6）。

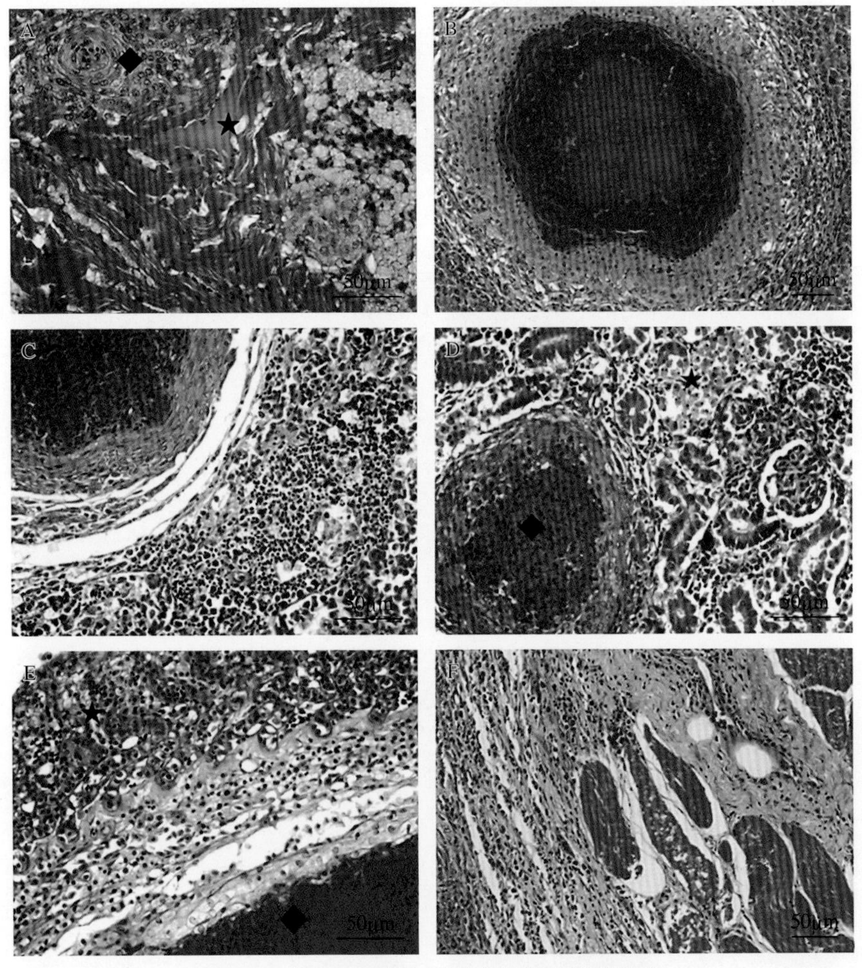

图3-5　大口黑鲈诺卡氏菌病的组织病理病变

A.心肌纤维变性、坏死（星号），心脏巨噬细胞浸润及肉芽肿（菱形）　B.肝内典型肉芽肿，中心坏死　C.脾淋巴细胞坏死及肉芽肿　D.肾小管上皮坏死（星号），肾结节性肉芽肿（菱形）　E.层状上皮肥大、增生、融合伴上皮退行性改变（星号），鳃结节性肉芽肿（菱形）　F.慢性肌肉病变中巨噬细胞形成上皮组织，伴有早期肉芽肿形成苏木精-伊红染色

（引自Lei et al.，2021）

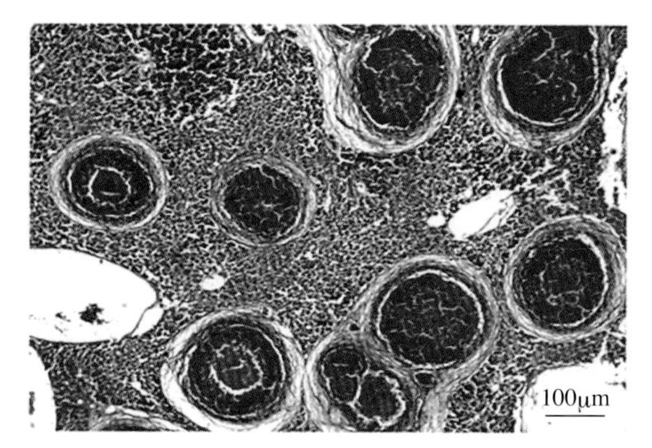

图3-6　大口黑鲈诺卡氏菌病肝肉芽肿

四、诊断

1.临床症状诊断

病鱼表现为嗜睡、厌食、消瘦和对刺激反应迟钝，体表多部位皮肤溃疡。剖检可见一些内脏器官，特别是鳃、心脏、脾、肾和肝上有明显的白色结节，直径1 ~ 5mm。

2.显微镜检查

取少量体表溃疡处组织或内脏白色结节，用解剖刀切碎，盖上盖玻片，显微镜观察，可观察到大量细长、静止、分叉、聚集成草堆状的菌体。或对内脏组织（脾、肾和肝）进行触片检查。用带钩镊子夹住部分组织器官，用无菌手术刀切断另一端，将断面在载玻片上轻触，制成触片，然后将触片置于酒精灯上方微热固定，用吉姆萨或Diff quick等染色液染色后，置光学显微镜观察，诺卡氏菌呈无孢子的长杆状菌，或呈分枝状、丝状和弱抗酸菌体。

3.细菌分离鉴定

从脾、肾和肝进行细菌分离，28℃下在BHI琼脂上培养3 ~ 7d，显示出干燥、蜡状和皱皱的白色或淡黄色菌落，边缘不规则。将其纯化后进行革兰氏染色，呈阳性，菌体长杆状、无孢子，偶尔呈分枝状、丝状和弱抗酸。

4.核酸检测

提取病鱼组织的DNA，采用诺卡氏菌检测引物（选择上游引物Noc-f:

5′-CACCTACGAAAATCCCATTTGGT-3′和下游引物Noc-r: 5′-CATCGGATTGGATFCAAGGACCTTGA-3′，扩增片段大小为156bp）进行PCR扩增后，进行琼脂糖凝胶电泳，根据有无目的条带即可判定，也可进一步测序后，进行核苷酸序列比对确定种类。

五、防治

由于诺卡氏菌损伤免疫器官，且药物难以渗透肉芽肿组织触杀病原菌等原因，抗生素治疗仅在感染初期有良好效果，因此该病务必以防为主，具体措施如下：

（1）在投苗前，对池塘进行彻底晒塘、清淤和消毒工作，清除底泥的病原菌。

（2）养殖过程中，尤其是在养殖中后期，改善水体环境，如合理使用微生态制剂等调节水质，使水质清爽，确保溶解氧充足，为大口黑鲈营造优良的水栖居环境。

（3）诺卡氏菌为条件致病菌，在pH为弱酸性和水质指标恶化的情况下易暴发，因此在养殖中后期，应适当加强改底，每月2～3次，并少量多次使用生石灰等，维持底部弱碱性。

（4）在发病高风险点，如加水、换水、拉网以及虫害等导致鱼体出现损伤时，要及时使用高效温和的消毒剂（如复合碘等）进行水体消毒，消灭抑杀水体的病原菌，切断病原菌传播，定期使对底部消毒，减少底部水体病原菌的致病菌数量。

（5）使用优质的大口黑鲈饲料，减少冰鲜海鱼的投喂（冰鲜鱼携带诺卡氏菌病原）。定期拌喂保健成分，增强鱼体的体质和抗病力。

（6）养殖中后期，要加勤巡塘，定期打样检查，早发现、早处理。一旦发现疑似病鱼，立即送到专业的机构进行细菌培养与药敏试验，科学诊断，精准用药。在发病早期使用敏感国标抗生素和消毒剂，及时治疗，可有效减少该病损失。

第二节　柱状黄杆菌病

一、病原

柱状黄杆菌（*Flavobacterium columnare*）属于黄杆菌目（Flavobacteriales）、黄杆菌科（Flavobacteriaceae）、黄杆菌属（*Flavobacterium*），该细菌是一种严格需氧革兰氏阴性菌。柱状黄杆菌分布广泛，是一种危害极广的病原菌，能感染

温水域和冷水域的大部分淡水鱼、海水鱼以及观赏鱼类。柱状黄杆菌的宿主范围极为广泛，可感染大口黑鲈、斑点叉尾鮰（*Ictalurus punctatus*）、大西洋鲑（*Salmo salar*）、日本鳗鲡（*Anguilla japonica*）等约40种重要经济鱼类和观赏鱼类。

柱状黄杆菌菌落形态大小不一，呈黄色，中央较厚，显色较深，并向四周扩散成颜色较浅的假根须状。新鲜培养物中的柱状黄杆菌，其形态比较均一，呈细长杆状，大小（0.5 ~ 0.7）μm×（4.0 ~ 8.0）μm，少数菌体长度达15 ~ 25μm。随着培养时间延长，菌体变长，呈极不规则的形态，如长丝状、波状或轮状等，其老龄菌体常形成不规则的圆球体状颗粒（图3-7）。一般附着在病灶区或生长在固体培养基上的菌体长度较短，液体培养时较长。柱状黄杆菌具有团聚性和滑动能力，取适量病灶组织制成水浸片，静置15 ~ 30min，菌体常常聚集成团而呈仙人柱状或仙人球状的菌落。

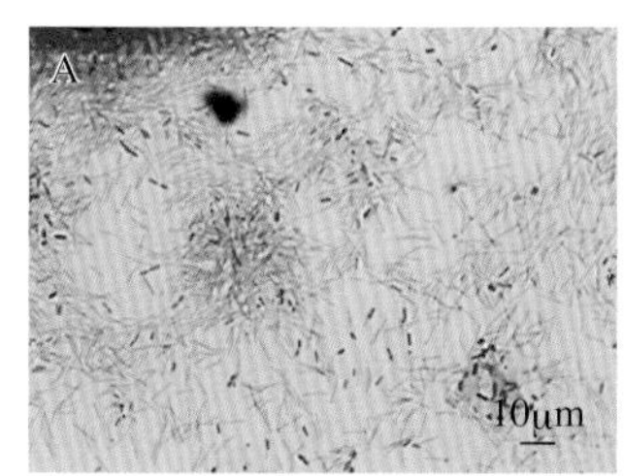

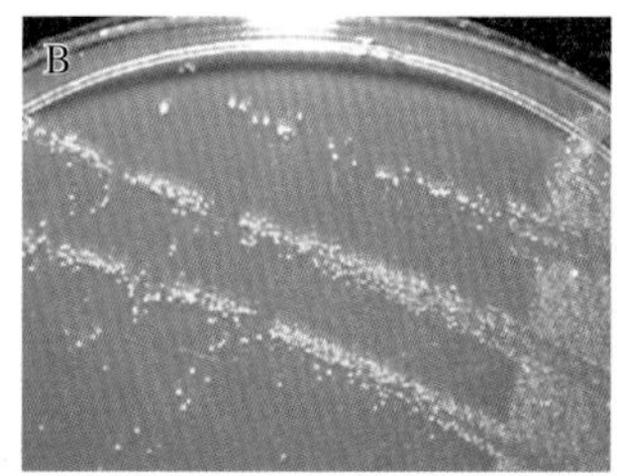

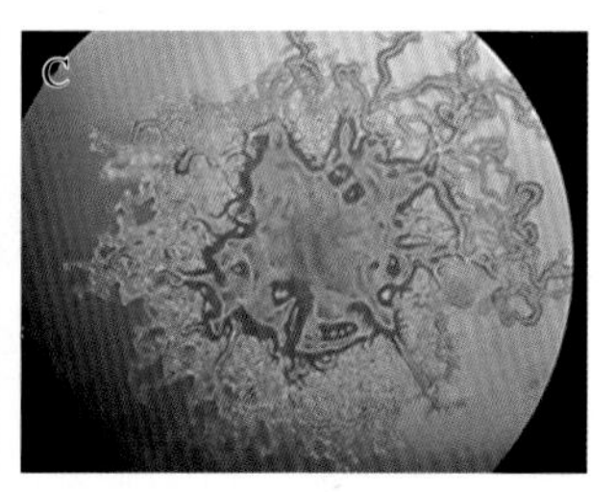

图3-7　柱状黄杆菌形态

A.革兰氏染色光镜下形态　B、C.固体培养基菌落形态

柱状黄杆菌偏好贫营养培养基，最初应用的培养基有Cytophaga培养基和Tryptone-yeast extract（TYE）培养基，以后出现的都是对以上两种培养基的改良版本，如Tryptone-yeast infusion（TYI）培养基、Shieh培养基、Liewes培养基、Casitone-yeast extract（CYE）培养基、Tryptone-yeast extract salt（TYES）培养基、enriched Cytophaga（eCA）培养基等。柱状黄杆菌适宜在低盐、中性pH条件下生长良好，当培养基中NaCl浓度超过0.5%或pH低于6.0时，柱状黄杆菌均不能生长。另外，柱状黄杆菌的生长适宜温度为15 ~ 37℃，最适生长温度为25 ~ 30℃，培养24 ~ 48h后即可出现菌落。

二、流行情况

柱状黄杆菌病发病期为3—6月，以4—6月的雨季最为流行。该病是一种

暴发性鱼病，发病快、死亡率较高，尤其是暴雨、分筛、大量加水等强应激事件后发病率很高，并易反复发作。在大口黑鲈鱼苗和稚鱼培育阶段发病最为严重，小规格苗种表现为烂尾，大规格苗种表现为烂嘴，偶见白皮。而当水质恶化或环境突变时，中成鱼也常常发病，主要表现为烂鳃、白皮。

三、临床症状和病理变化

柱状黄杆菌通常损害鱼类的皮肤、鳍和鳃。柱状黄杆菌不同菌株的毒性不同，其感染大口黑鲈后呈现的临床症状也有差异。低毒力的菌株常导致鱼类慢性感染，在宿主死前造成大面积组织损伤；强毒株导致暴发性感染和死亡。慢性感染过程中，症状始见于尾鳍等，而后鳍条开始腐烂，并慢慢向四周扩展，有的病鱼皮肤上的褪色灶逐渐扩大至浅灰色溃烂。因此，大口黑鲈感染后典型症为烂嘴、烂尾、白皮、烂鳃。

烂鳃的出现主要是鳃部经过了炎性水肿、增生及坏死3个阶段，大量鳃组织坏死后，鳃丝上只剩软骨，周围有很多由坏死的细胞碎屑及细长的柱状黄杆菌等形成的淤泥样混合物。急性型鳃组织病理变化过程可延伸至皮下组织和肌肉，进而在相应组织出现水肿（图3-8、图3-9）。后者的发生导致鱼体组织防

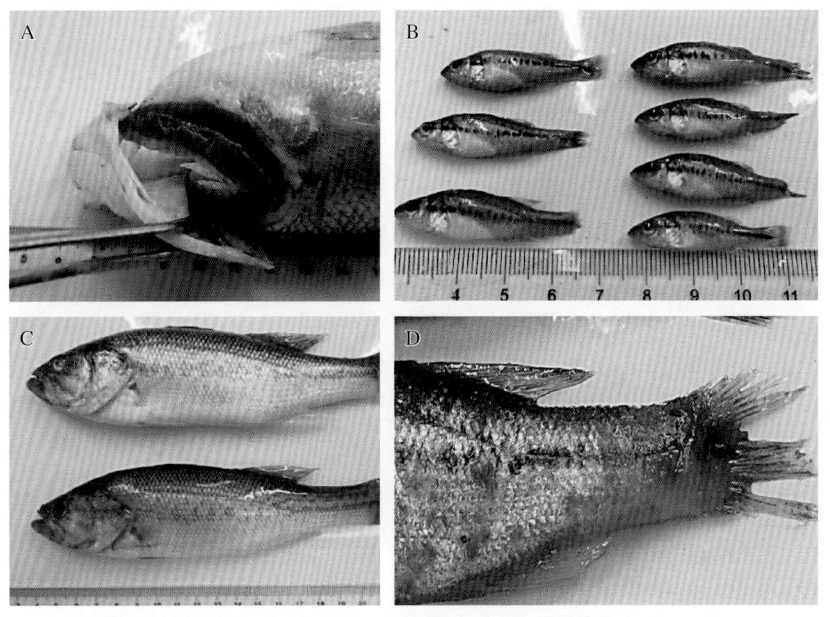

图3-8　大口黑鲈柱状黄杆菌病的临床症状

A.烂鳃　B.白尾、烂尾　C.烂嘴　D.烂尾

御屏障破坏，真皮层水肿，黑色素细胞破裂，皮肤呈苍白样。成群的柱状黄杆菌还可在真皮层的胶原纤维聚集，出现相应组织坏死及表皮脱落。还可导致体表黏液增多，尾部皮肤斑块状发白溃烂，偶见腹部胸鳍处明显的破溃。

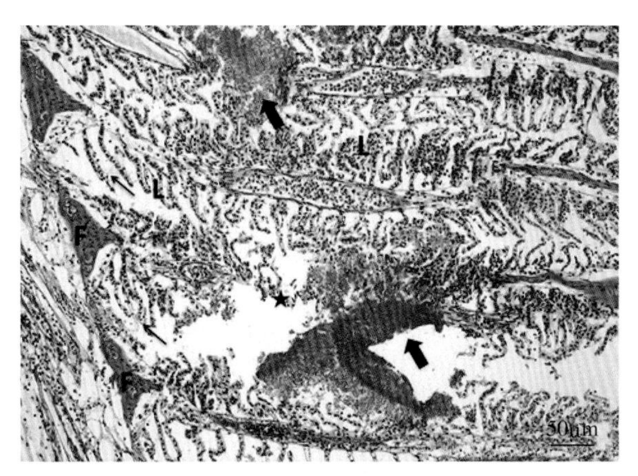

图3-9 鳃坏死组织病理变化

注：可见团聚性的细菌微菌落（粗箭头）；细菌团附近组织结构损失（星号）；细胞水肿（细箭头），板层（L）和纤丝（F）融合明显，苏木精-伊红染色。

四、诊断

1.临床症状诊断

病鱼表现出厌食和对刺激反应迟钝，体表黏液增多。典型的临床表现为烂嘴、烂尾、白皮、烂鳃。

2.显微镜检查

对病变部位组织行压片观察，取适量病灶（芝麻粒大小），滴加生理盐水，盖上盖玻片，静置15 ～ 30min，显微镜下可观察到由大量细长杆状、活泼菌丝聚集而成的仙人球状或仙人柱状菌落（图3-10）。

3.细菌分离鉴定

从病灶处进行细菌分离，28℃下在TYI琼脂上培养2 ～ 3d，出现黄色、大小不一、扩散型、中央较厚、显色较深、向四周扩散成颜色较浅的假根状菌落。革兰氏染色呈红色细长杆状菌体。

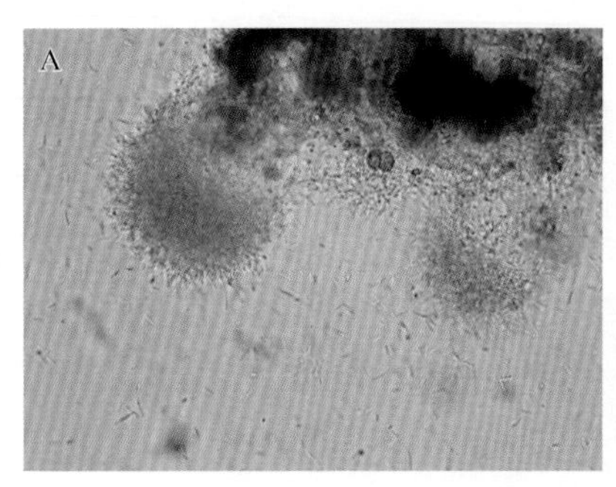

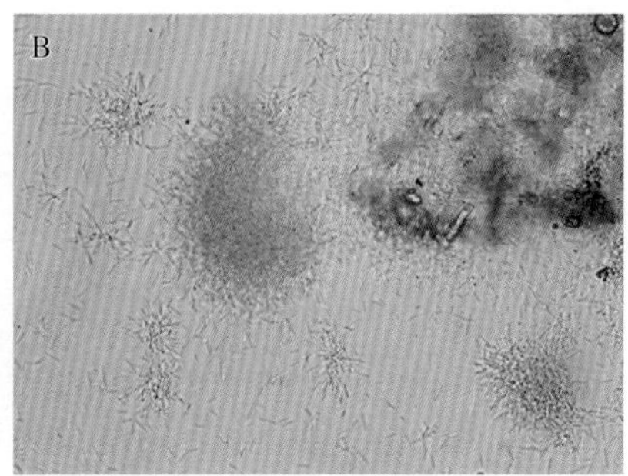

图3-10　病灶菌落形态

4. 核酸检测

提取病鱼组织的DNA，采用柱状黄杆菌检测引物（选择上游引物FC2F: 5′-AATATCTCAAACGAATGGAACTTC-3′和下游引物Noc-r: FC2R: 5′-TTGGCATTATTTGTCATGTTAGC-3′，扩增片段大小为138bp）进行PCR扩增后，进行琼脂糖凝胶电泳，根据有无目的条带即可判定。也可用16S rRNA通用引物扩增后进一步测序后，进行核苷酸序列比对确定种类。

五、防治

1. 预防措施

柱状黄杆菌病在大口黑鲈养殖中往往发病急、传播快、致病性高，给养殖户造成的经济损失十分严重。因此，应引起足够重视，防患于未然，积极做好预防工作。

（1）合理规划养殖、放养合理的密度，及时分筛、撤围网等，避免鱼苗密度过大。

（2）朝苗阶段，足量多餐、饱食投喂，勿过度投料。

（3）柱状黄杆菌属于贫营养型菌种，本病在水体肥度较高、透明度保持在25cm以内发生概率较小，保持良好水质，维持水体稳定性对该病的预防具有良好效果。

（4）本病极易与车轮虫、指环虫等寄生虫并发。在苗期应每3 ~ 5d检测寄生虫一次，特别关注指环虫等鳃部寄生虫，早发现、早处理。

（5）关注水体浮游动物，如桡足类、枝角类等的数量，必要时驱杀，以免过度耗氧而导致水体溶解氧含量不足。

（6）在关键节点，如鱼苗下塘、分筛、加水、降雨等强应激事件后，及时

使用高效温和的消毒剂进行水体消毒，减少水体的病原菌数量。

2.治疗措施

在治疗本病前，需先排查是否存在密度过大、浮游动物过多、鱼体鳃部寄生虫多等因素。如有，需进行针对性处理，解除相关诱因；如无，则可采取水体消毒与内服抗菌相结合的方案进行处理：

（1）水体消毒　高效温和的消毒剂，如复合碘、癸甲溴铵碘等，按指导用量进行全塘泼洒消毒，必要时隔天再消毒1次，共2～3次。注意病程前期可酌情使用二氧化氯等刺激性消毒剂，病程中后期使用刺激性消毒剂反而会引起大规模死亡。

（2）内服敏感抗生素　氟苯尼考等敏感抗生素，搭配虾青素、多维等制成药饵，饱食投喂，连续3～5d，疗效显著。

第三节　维氏气单胞菌病

一、病原

维氏气单胞菌（*Aeromonas veronii*）为兼性厌氧的革兰氏阴性菌，属于变形菌门（Proteobacteria）、变形菌纲（Proteobacteria）、气单胞菌目（Aeromonadales）、气单胞菌科（Aeromonadaceae）、气单胞菌属（*Aeromonas*）。维氏气单胞菌已成为一种重要人兽及水生生物共患病原菌，感染对象广泛，不仅能感染包括鱼类在内的水生动物，而且可感染包括人在内的哺乳动物，给水产养殖业造成巨大损失的同时也威胁人类的健康。近年来，此病已为大口黑鲈主要细菌病之一，严重阻碍了该产业健康发展。

维氏气单胞菌菌体形状多样，长丝状与短杆状并存，短杆状两端钝圆，无芽孢，具运动性。菌落形态呈圆形、光滑圆润，边缘整齐、白色、微隆起（图3-11）。维氏气单胞菌在LB液体培养基中5～8h即可生长到对数期，在温度20～42℃、盐度0～5、pH 3～11条件下都能生长良好，有较强的耐受性和适应能力，通常以生物被膜态抵抗外界环境变化。

维氏气单胞菌在自然环境中广泛存在，尤其是水体环境中，包括原始和加工饮用水，并经常从各种食品中分离出来，如鱼类、贝类、生肉、蔬菜和生乳。维氏气单胞菌在夏秋两季繁殖较快，特别是水质恶化、水产动物机体创伤或免疫力降低时，能引起很高的死亡率。维氏气单胞菌在感染后，患病动物以出血和腹水为主要病理特征。维氏气单胞菌病多集中在沿海或水产养殖集中区

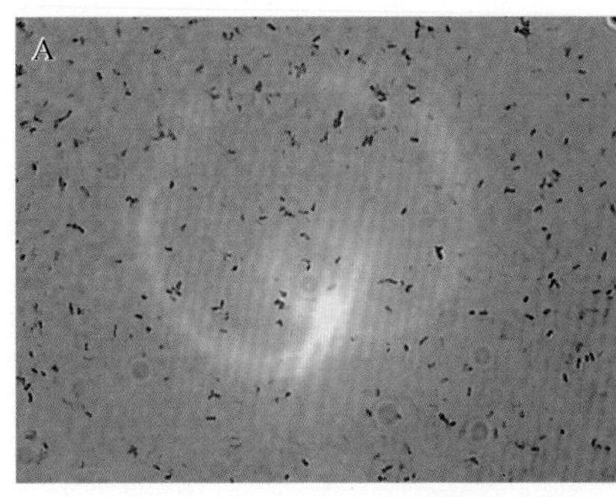

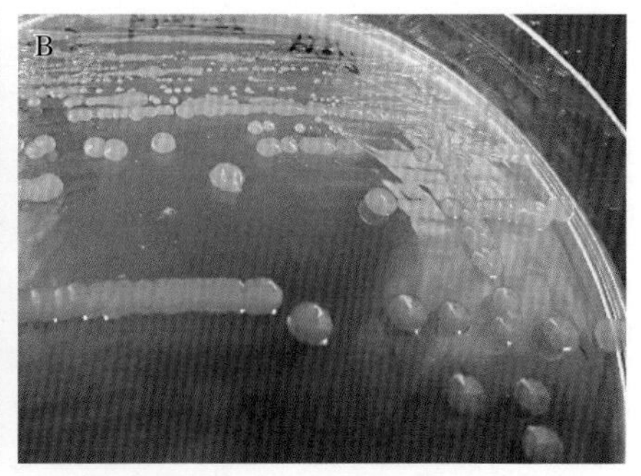

图3-11 维氏气单胞菌形态

A.革兰氏染色光镜观察 B.在BHI培养基上菌落形态

域，常与水质环境卫生条件差、饲养密度过大有关。因维氏气单胞菌存在的广泛性与较强的抵抗力，很难短时间彻底杀灭残留的维氏气单胞菌，这给水产养殖业从业者和二次感染留下了安全隐患。

二、流行情况

维氏气单胞菌广泛存在于环境自然水体中，为条件致病菌，发病范围较广，该菌在夏秋两季生长繁殖速度达到顶峰，一旦大口黑鲈有开放性创口或免疫力低下时，即可侵染鱼体引起较高的死亡率。该菌主要危害成鱼，放养密度大、水质条件差，营养不均衡时易暴发，死亡率高达60%以上。

三、临床症状及病理

感染维氏气单胞菌的大口黑鲈，临床症状主要表现为病鱼体表和内脏出血、坏死，甚至会产生严重的败血症，全身发黑，进食量严重减少，个别病鱼离群独游，最后死亡。患病鱼类体表、鳍条严重出血，鳞片脱落，并形成溃疡灶；鳃盖轻度出血，鳃丝肿大出血，严重者会出现鳃丝坏死，呈灰褐色腐烂状；眼球微凸，吻部微微发红，肌肉裸露形成溃疡灶，肛门红肿，胸鳍、腹鳍、尾鳍轻度出血。病鱼内脏剖解后，可见肝呈暗红色，肠道整个充满淡黄色液体，无食物颗粒；脑外周有淡红色液体；肾发黄肿大，有片状或带状出血（图3-12）。

组织病理观察发现，感染维氏气单胞菌的大口黑鲈肝中肝细胞水肿、增大、空泡，甚至溶解、消失，形成坏死灶；肾间质严重出血，内有大量的红细胞浸润、肾小球萎缩、肾小囊扩张、肾小管上皮细胞无明显病变；脾内大量红细胞浸润、淋巴细胞减少；肠道肠绒毛严重坏死并脱落；脑膜水肿、脑血管充血（图3-13）。

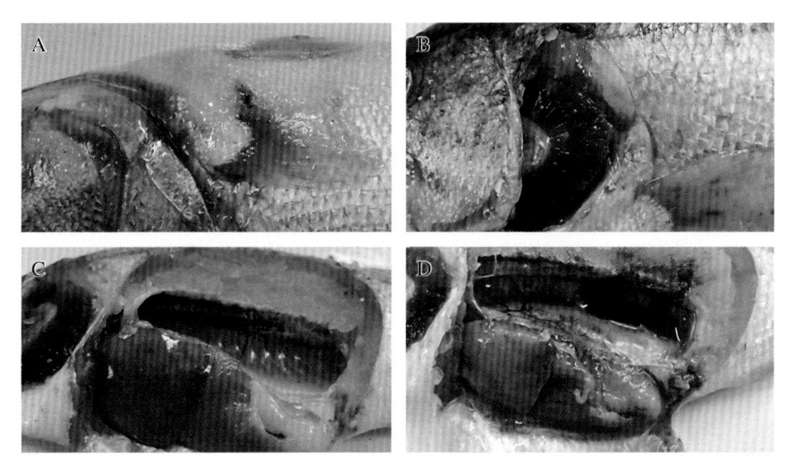

图3-12　维氏气单胞菌病临床症状

A.鳃盖出血　B.鳍丝腐烂　C.肝白斑　D.腹水

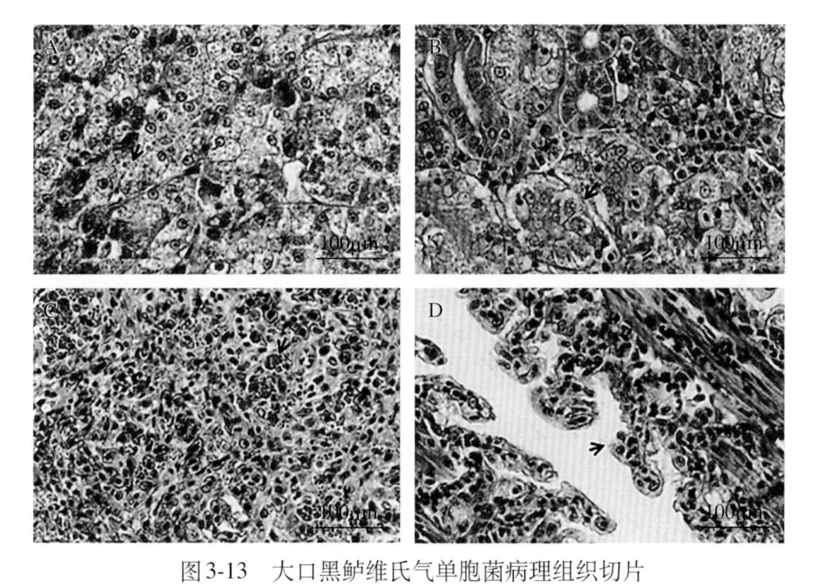

图3-13　大口黑鲈维氏气单胞菌病理组织切片

A.肝细胞坏死（黑色箭头）　B.肾小球坏死（黑色箭头）和肾内炎性细胞浸润（白色箭头）
G.肾小球　UT.尿小管　C.脾含铁血黄素颗粒增多（黑色箭头）
D.次级鳃片层呼吸上皮细胞病变（黑色箭头）
（引自Pei et al.，2021）

四、诊断

1.临床症状诊断

病鱼进食量严重减少，体色发黑，体表出血、掉鳞，个别病鱼离群独游。

剖解后可见鳃盖出血，鳃丝肿大出血，肝呈暗红色或发黄，肠道充满淡黄色液体，肾发黄肿大，有片状或带状出血，可初步判断为维氏气单胞菌病。

2. 显微镜检查

对内脏组织进行触片检查，染色后置光学显微镜观察，维氏气单胞菌呈多形性，长丝状与短杆状并存，散在，短杆状两端钝圆。

3. 细菌分离鉴定

从脾、肾和肝进行细菌分离，在BHI琼脂上28℃培养1 ~ 2d，可长出圆形、光滑圆润，边缘整齐、白色、微隆起的菌落。将分离到的细菌转接纯化后，进行革兰氏染色，呈阴性，菌体呈多形性，长丝状与短杆状并存，短杆状两端钝圆。

4. 核酸检测

提取病鱼组织的DNA，采用维氏气单胞菌（选择上游引物gyrB-PF1: 5′-TGCCATTTTCAGCGATACCC-3′和下游引物gyrB-PR2: 5′-CTATGTAGAGTTCGGAAAGAGCC-3′，扩增片段大小为745bp）进行PCR扩增后，进行琼脂糖凝胶电泳，根据有无目的条带即可判定，也可用16S rRNA通用引物扩增后进一步测序后，进行核苷酸序列比对确定种类。

五、防治

1. 预防措施

水质恶化、鱼体创伤或免疫力低下是本病暴发的重要条件。因此，在防控时，应特别重视调控水质、保护鱼体和提高免疫力，具体措施如下：

（1）在放苗前，对池塘底部进行清淤、晒塘，减少塘底的淤泥和有机物。

（2）养殖过程中，灵活使用芽孢杆菌、乳酸菌、光合细菌等微生态制剂或其他无公害的氧化性水质底质改良剂，调控水质，使水质保持清爽稳定，对本病具有较好的预防效果。

（3）在拉网、分筛等人工操作时，要提前做好抗应激措施，操作要轻柔谨慎，尽量避免损伤鱼体；操作结束后要及时消毒。

（4）定期检查虫害，特别关注锚头蚤等体表寄生虫。早发现、早处理，避

免虫咬损伤体表。

（5）养殖过程中，投喂优质配合饲料，并定期拌喂虾青素、牛磺酸、复合维生素等，增强鱼体体质和免疫力。

2.治疗措施

（1）水体消毒　复合碘、苯扎溴铵等高效消毒剂，全塘泼洒，必要时隔天再泼1次，共2～3次。

（2）内服抗菌　敏感抗生素，如恩诺沙星等，拌饵投喂，连拌5d。值得注意的是，该病原为条件致病菌，长期存在于水体和鱼体，耐药性很强，最好根据药敏试验选用用药，以确保获得良好的疗效。

第四节　嗜水气单胞菌

一、病原

嗜水气单胞菌（*Aeromonas hydrophila*）是一种兼性厌氧的革兰氏阴性条件致病菌，属于气单胞菌科（Aeromonadaceae）、气单胞菌属（*Aeromonas*），是淡水、污水、淤泥及土壤中常见细菌，是鱼和其他冷血或温血动物的重要病原体，也是致病性最强的3种气单胞菌之一。由嗜水气单胞菌感染引起的淡水鱼细菌性败血症，为二类动物疫病。

嗜水气单胞菌为两端钝圆、直或略弯的短小杆菌，多数单个存在，少数成双排列。在普通营养琼脂培养基上可形成圆形，乳白色，边缘光滑、中间略显凸起、有光泽的菌落，具有特殊的芳香气味，长时间培养，菌落颜色会稍显黄色。菌落大小与培养时间、温度相关联，当温度适宜、培养时间适当时，单个菌落的平均直径可达2～3mm，而当条件不适宜时，小的菌落仅如针尖大小（图3-14）。多数菌株几乎不产色素，在血液琼脂上呈β溶血。生长温度范围广，为14.0～40.5℃，生长盐度和pH分别为0～4和7.2～7.4。

嗜水气单胞菌不仅分布广泛，且对多种水生动物有致病性，如鲤（*Cyprinus carpio*）、银鲫（*Carassius auratus gibelio*）、草鱼、青鱼（*Mylopharyngodon piceus*）、罗非鱼和中华鳖（*Trionyx Sinensis*）等。其作为一种条件致病菌，嗜水气单胞菌是鱼体的常驻菌，健康的鱼体也可分离到少量嗜水气单胞菌，当水温较低、水质清洁、鱼在处于良好状态时，它并不导致鱼体发病。

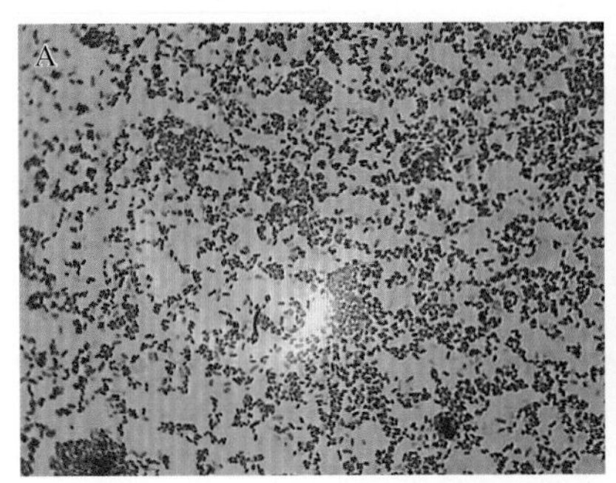

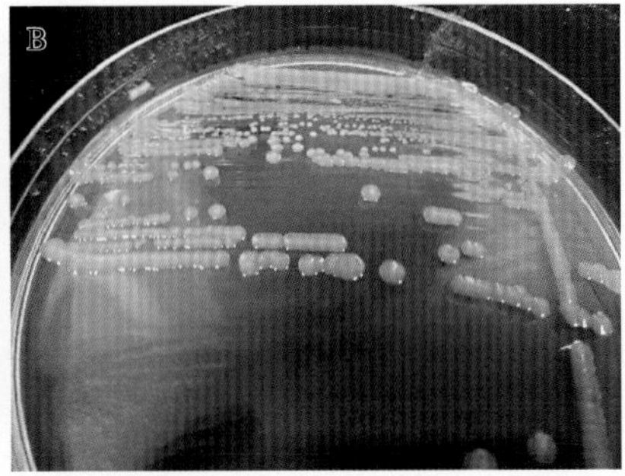

图3-14　嗜水气单胞菌形态

A.革兰氏染色光镜观察　B.BHI培养基上菌落形态

二、流行情况

嗜水气单胞菌引起的病害发病时间广,9 ~ 36℃均有流行，流行时间为3—11月，高峰期5—9月，尤以水温持续在28℃以上时最为严重。病情具有发病快、难控制、死亡率高等特点。

三、临床症状及病理

嗜水气单胞菌可引起大口黑鲈暴发性出血病，死亡率高，主要症状表现为头部、鳍条、腹部等部位充血出血，严重时甚至出现眼球凸出，在水面上漫游，无食欲，不久即死亡。剖解可见鳃出血，腹腔内有腹水，胆囊明显肿胀，胆汁稀薄；肝、脾轻度肿大，颜色变深；肠腔中无内容物。

病鱼鳃小片出血坏死，组织中有大量白细胞浸润；肝细胞变性、坏死，部分细胞核消失；脾出血严重，大量红细胞充盈其间；肾小球充血，肾小管上皮细胞变性坏死；肠黏膜上皮细胞脱落，肌肉层结构松散，皮肤的上皮细胞脱落，一些细胞直接死亡（图3-15）。

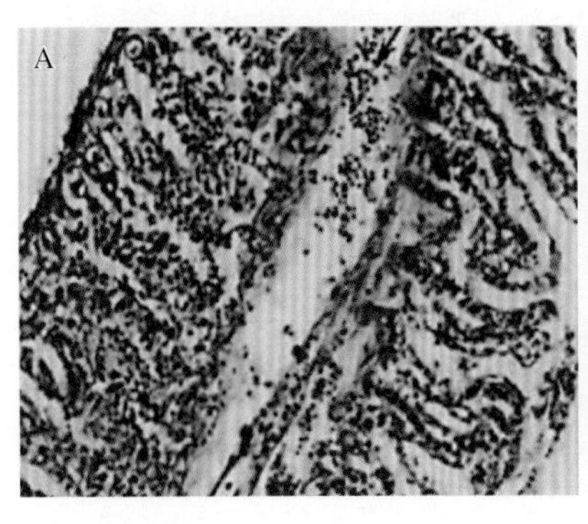

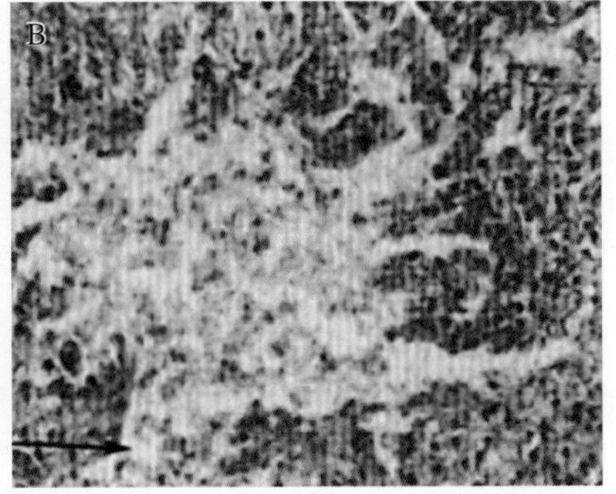

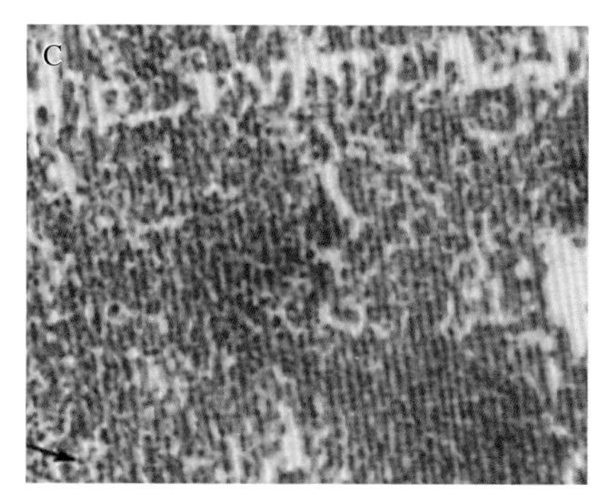

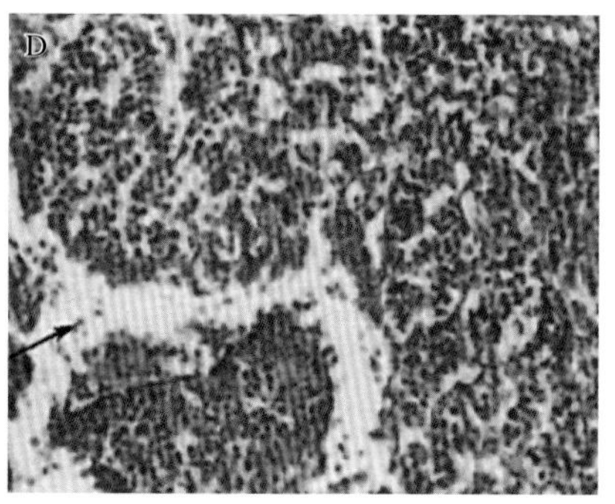

图3-15　大口黑鲈嗜水气单胞菌病组织病理切片

A.鳃小片出血坏死　B.肝细胞变性坏死部分细胞核消失（黑色箭头）
C.脾严重出血（黑色箭头）　D.肾小球充血（黑色箭头）
（引自付亚成等，2010）

四、诊断

1.临床症状诊断

病鱼在水面上漫游，无食欲，体色充血出血，鳃呈淡棕色。剖检可见腹腔内充满淡红色腹水，胆囊明显肿胀，胆汁稀薄；肝、脾肿大，颜色变深。

2.显微镜检查

对内脏组织进行触片检查，染色后置于光学显微镜下观察，嗜水气单胞菌呈钝圆、直或略弯的短小杆菌。

3.细菌分离培养

无菌操作，从脾、肾和肝进行细菌分离，28℃下在BHI琼脂上培养1 ～ 2d，菌落呈圆形、边缘整齐、中央隆起、表面光滑、半透明状。将其转接、纯化后进行革兰氏染色，呈阴性，菌体呈钝圆、直或略弯的短小杆菌。

4.核酸检测

提取病鱼组织的DNA，采用嗜水气单胞（选择上游引物hlyA-F: 5′-ACCTCAACGTCAACCGCAAGAT-3′和下游引物hlyA-R: 5′-GTCTGCGCTTGTCGGTATCCTC-3′，扩增片段大小为876bp）进行PCR扩增后，进行琼脂糖凝胶电泳，根据有无目的条带即可判定。也可用16S rRNA通用引物扩增后进一步测序后，进行核苷酸序列比对确定种类。

五、防治

1.预防措施

嗜水气单胞菌为典型的条件致病菌，以预防为主。可采取以下措施：

（1）清除过厚的淤泥，是预防本病的主要措施。冬季干塘投苗前对池塘进行彻底的清淤，并用生石灰或漂白粉彻底消毒，以改善水体生态环境。

（2）鱼种尽量就地培育，减少搬运，并注意下塘前要进行鱼体消毒。可用浓度为15 ~ 20mg/L的高锰酸钾水溶液药浴10 ~ 30min；发病鱼池用过的工具要进行消毒，病死鱼要及时捞出深埋。

（3）加强日常饲养管理，正确掌握投喂技术，投喂优质的配合饲料，不投喂变质饲料，并定期拌喂大蒜素、复合维生素等提高鱼体的抗病力。

（4）流行季节，用生石灰化浆全池泼洒，浓度为25 ~ 30mg/L，每半月1次，以调节水质；水体消毒，三氯异氰尿酸粉0.2 ~ 0.3mg/L，经水溶解、稀释后全池泼洒，减少水体病原菌数量。

2.治疗措施

如已发病，则可采用水体消毒与内服敏感抗生素相结合的方案进行治疗，具体如下：

（1）水体消毒。可使用复合碘、苯扎溴铵、戊二醛溶液等进行全塘泼洒，抑杀水体病原菌，必要时可隔天再泼1次，共2 ~ 3次。

（2）内服敏感抗生素。恩诺沙星、复方磺胺甲噁唑等水产专用抗菌药，拌饵投喂，连续5d。如有条件做细菌培养与药敏试验，参考药敏结果选药用药，效果更佳。

（3）发病鱼池用过的工具要进行消毒，病死鱼要及时捞出深埋。

第五节　点状气单胞菌病

一、病原

点状气单胞菌（*Aeromonas punctata*）为兼性厌氧革兰氏阴性菌，隶属气单胞菌科（Aeromonadaceae）、气单胞菌属（*Aeromonas*）。菌体形态为杆状，两端钝圆，无芽孢和荚膜，靠单极鞭毛运动，多成对存在，少数单个排列。点状气单胞菌在血琼脂上生长时，形成表面光滑、稍凸起、边缘整齐、半透明状

且有β-溶血环的圆形菌落。最适生长温度为24 ~ 26℃，pH为6 ~ 12。

点状气单胞菌病在我国大部分水产养殖地区均有流行，且该细菌感染经济鱼类品种较多，如草鱼、大口黑鲈、青鱼、人工养殖大鲵（*Andrias davidianus*）等，严重时致死率高达70%，是危害我国水产养殖的主要致病菌之一。在天然水体、淤泥及鱼类肠道内常存在该菌，但若无水质恶化、水环境急剧变化、饲料变质等因素导致鱼体抵抗力下降，该菌种不占优势，一般不会引发疾病。

大口黑鲈感染点状气单胞菌后，会出现肠炎病和疖疮病两种病症。其中，感染肠型点状气单胞菌会使大口黑鲈患肠炎病，该菌为条件致病菌，也会少量存在于健康鱼体的肠道内，但不是优势菌。当投喂变质、不干净的饵料或水体环境恶化导致鱼体抵抗力下降时，该菌会在肠道内大量繁殖，导致肠炎的暴发。而另外一种疖疮型点状气单胞菌则会导致大口黑鲈患疖疮病，当鱼体本身营养不良，或水体盐度过高等环境胁迫时易发。

二、流行情况

目前，肠型点状气单胞菌全年均可引起大口黑鲈发病，在夏末、秋初较为严重，从鱼种至成鱼的各个规格都会感染，且发病速度快，发病率和死亡率均较高，死亡率为50%左右，严重时可高达90%以上，危害较为严重，需引起重视。疖疮型点状气单胞菌主要危害大口黑鲈成鱼和亲鱼，有高龄鱼易患疖疮病的倾向，鱼苗、夏花一般不易感染。

三、症状和病理变化

大口黑鲈肠型点状气单胞病主要症状表现为病鱼离群独游，食欲不振，体表发黑、消瘦，腹部膨大，肛门红肿，轻压重症病鱼腹部可见淡黄色黏液流出。对患病鱼解剖可发现腹腔有大量积液，严重的病鱼腹腔内壁充血，肠道外表呈现红色或紫红色，用剪刀将肠道剖开可发现场内充满黏状物，上皮细胞坏死脱落，从肝、肾中可检出点状气单胞菌（图3-16）。

大口黑鲈疖疮型点状气单胞菌病主要症状为在病鱼躯干的局部皮肤及肌肉组织发炎，并红肿隆起，生出一个或几个相似的脓疮。病灶部位软化，向外隆起，用手触摸有柔软浮肿的感觉，且脓疮内充满脓汁、血液和大量细菌，在该部位接菌到培养基上生长出点状气单胞菌。而隆起的皮肤先是充血，之后出血，继而坏死、溃烂，切开患处可见肌肉溶解，呈灰黄色的混浊或凝胶状（图3-17）。

图3-16　大口黑鲈点状气单胞菌病鱼菌肠炎临床症状

A.腹部膨大　B.肠道呈红色　C.腹腔有大量腹水

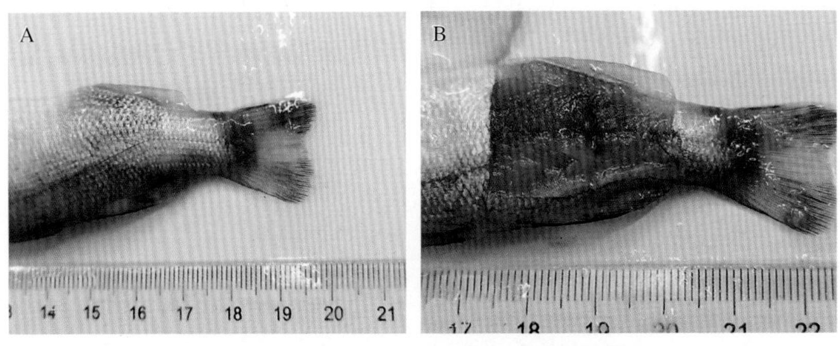

图3-17　大口黑鲈点状气单胞菌病鱼临床症状

A.局部皮肤软化、向外隆起　B.肌肉组织发炎

四、诊断

1.临床症状诊断

（1）肠型点状气单胞菌病　病腹腔积液、腹腔内壁充血，肠道充血发炎而呈红色。

（2）疖疮型点状气单胞菌病　病鱼躯干有脓疮、病灶处肌肉溶解，且多见

于冬季。

2. 显微镜检查

对内脏组织进行触片检查，染色后置光学显微镜下观察，菌体呈杆状，两端钝圆，无芽孢和荚膜，多成对存在，少数单个排列。

3. 细菌分离鉴定

从脾、肾和肝进行细菌分离，28℃下在BHI固体琼脂培养基上培养1 ~ 2d，菌落表面光滑、稍稍凸起、边缘整齐、半透明状。将其转接、纯化后进行革兰氏染色，呈阴性菌，菌体杆状，两端圆钝。可用16S rRNA通用引物扩增后进一步测序后，进行核苷酸序列比对确定种类。

五、防治

1. 预防措施

（1）肠型点状气单胞菌病可采取以下措施

①投喂优质的配合饲料，不要投喂不新鲜、不干净以及变质的饵料，在夏季高温要注意饵料的贮存方式。

②在投放鱼种前用浓度为8 ~ 10mg/L的漂白粉浸洗15 ~ 30min。

③发病季节，适时使用漂白粉、生石灰等，抑杀病原菌，保持池塘水质清爽。

④可在饲料中添加大蒜素粉，每千克体重拌饵0.02g投喂3d。

（2）疖疮型点状气单胞菌病可采取以下措施

①在运输、捕捞以及放养时，尽量避鱼体受伤，鱼种放养前可用浓度为3% ~ 4%的食盐浸5 ~ 15min。

②可用1mg/L漂白粉全池泼洒或用五倍子2 ~ 4mg/L全池泼洒。

2. 治疗措施

（1）水体消毒　苯扎溴铵等，全塘泼洒，抑杀水体病原菌，阻止病情的恶化。必要时可隔天再泼1次，连续2 ~ 3次。

（2）内服抗菌　恩诺沙星、硫酸新霉素等，搭配大蒜素或替抗成分，拌饵内服，连续5d。不同的菌株对常见水产用抗菌药的敏感性有一定差异，最好结合药敏试验选药用药，以确保疗效。

第六节　爱德华氏菌病

一、病原

大口黑鲈爱德华氏菌病，病原为杀鱼爱德华氏菌（*Edwardsiella piscicida*）和迟缓爱德华氏菌（*Edwardsiella tarda*），为兼性厌氧的革兰氏阴性菌，隶属变形菌纲（Proteobacteria）、肠杆菌目（Enterobacteriales）、肠杆菌科（Enterobacteriaceae）、爱德华氏菌属（*Edwardsiella*）。杀鱼爱德华氏菌和迟缓爱德华氏菌的生物学特性和致病性极其相似，在大口黑鲈上的感染规律有待进一步确认。两者菌体呈两端钝圆的短杆状，大小（0.5 ~ 1.0）μm×（1.0 ~ 3.0）μm，无荚膜和芽孢，靠周生鞭毛运动。爱德华氏菌最适生长温度为25 ~ 32℃，4 ~ 10℃能够缓慢生长，42℃以上不生长。另外，在盐度0 ~ 4均能生长。爱德华氏菌可在营养琼脂培养基上生长，菌落较小，25℃培养24h后可见直径1mm左右的菌落，菌落呈圆形隆起、表面光滑、边缘整齐、浅灰白色、半透明状、湿润有光泽，可产生β型溶血环，为人鱼共患病原菌（图3-18）。

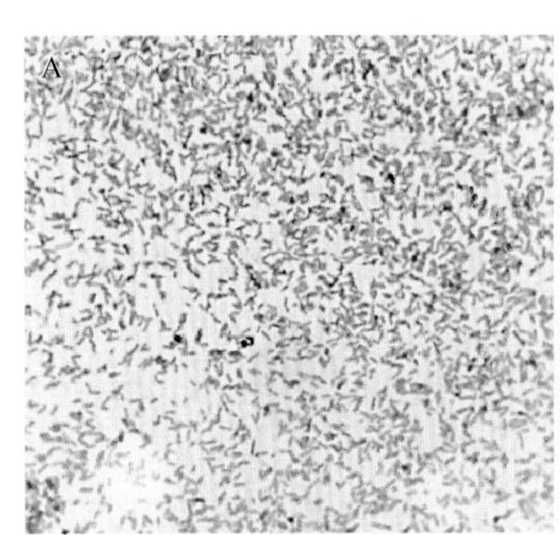

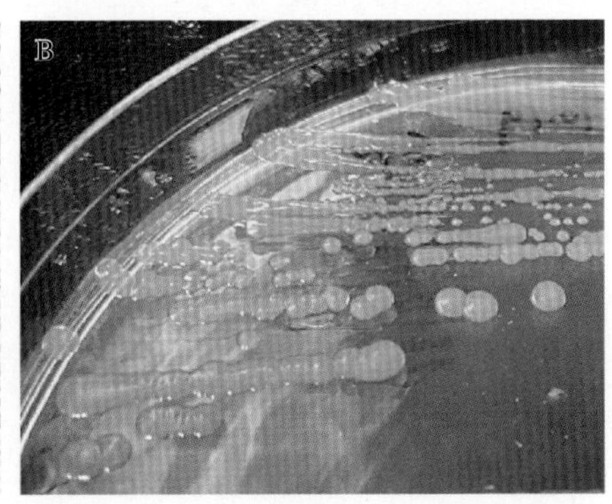

图3-18　爱德华氏菌革兰氏染色光镜观察

A.革兰氏染色光镜观察　B.BHI培养基上菌落形态

爱德华氏菌广泛存在于自然界，能够在湖泊、溪流、海水、泥浆和正常水生动物的肠道分离。该菌于1962年首次分离自日本鳗鲡，1989年在我国福建某鳗鲡养殖场发现，随后在大口黑鲈、罗非鱼、黄颡鱼、牙鲆等经济鱼类感染爱德华氏菌而出现大量死亡。随着水产养殖业迅速发展，爱德华氏菌已被公认为全球淡水和海洋养殖鱼类的主要病原菌之一，常常因感染爱德华氏菌导致巨大经济损失。爱德华氏菌是一种细胞内病原菌，可侵入多种真核细胞（包括上皮细胞和巨噬细胞），并在其中存活、复制，并迅速繁殖，最终裂解宿主细胞

质膜，从而导致全身性感染。这种细胞内寄生的特性对该菌的致病性有着重要意义。目前，该菌能通过体表、鳃、胃和肠道等侵入鱼体，侵入后可以抵御宿主血清和巨噬细胞介导的免疫杀伤，利用血液循环传播到其他重要的器官中，并在器官中大量繁殖，使患病鱼出现腹水、突眼、肝肉芽肿、内脏肿胀、出血和红头病等症状，最终导致鱼体死亡。

二、流行情况

目前，主要流行菌株为杀鱼爱德华氏菌。该菌为条件致病菌，具有明显的季节性，与温度密切相关，主要流行于春、秋季节。目前，珠三角地区在低温15～25℃时，即开春和入秋时期，大口黑鲈更容易感染爱德华氏菌。通常是投喂变质或不洁的冰鲜鱼，或水质严重恶化时暴发，危害对象以鱼种和成鱼为主，慢性发病，一般死亡率不高，但病情持续时间长，治疗难度相对较大，降低鱼的经济价值。

三、症状和病理变化

大口黑鲈感染爱德华氏菌后，病鱼在水面或水体上层游水，摄食减少，反应缓慢，体表观察无明显异常，部分鱼腹部膨胀或体表有少量花斑，生殖孔发红。解剖可见腹腔积液，肝变性、肿大且发白，或有针尖状白点，肾明显肿大，部分病鱼脾肿大发黑（图3-19）。病理切片显示肝组织颗粒变性及轻微脂肪变性。该病病程较长，开始死亡率较低，但要及时干预，否则死亡持续时间

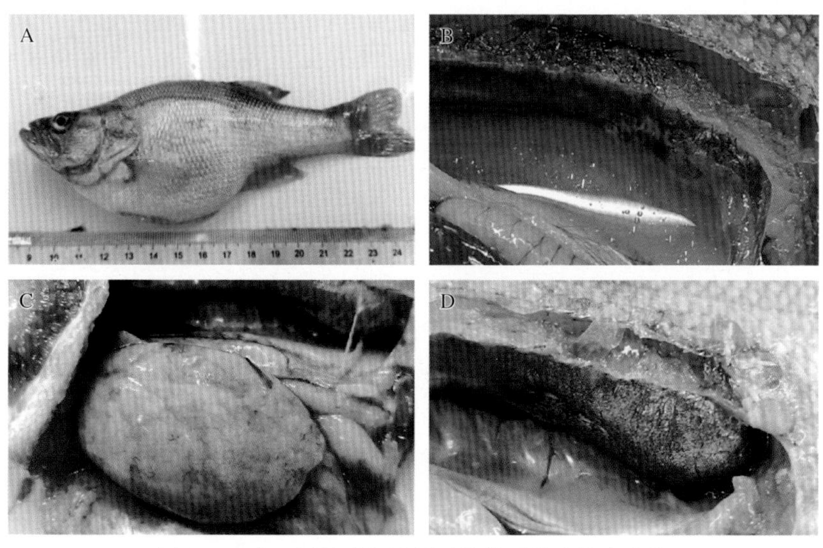

图3-19 大口黑鲈杀鱼迟缓爱德华氏菌病临床症状

A.腹部膨大 B.腹腔大量腹水 C.肝肿大发白 D.肾明显肿大

长，也会造成不小的损失。

四、诊断

1. 临床症状诊断

大口黑鲈爱德华氏菌病的症状多样，锚头鳋和指环虫可引起爱德华氏菌继发感染，一般内脏呈典型的爱德华氏菌病症状，如有腹水和内脏白点，重症病鱼轻压腹部可见从肛门流出淡黄色液体，解剖可见腹腔内有较多积液，流出的腹水经几分钟后呈果冻状，肾明显肿大，部分病鱼脾肿大、发黑。爱德华氏菌感染可引起肝严重病变，肝肿大发白，或有针尖状白点，出现"豆腐肝"；还可导致心膜炎，这种心膜炎在8—10月多见，很容易被漏检，此时肝、脾、肾几乎无菌，主要菌落在心脏表面。

2. 显微镜检查

对内脏组织进行触片检查，染色后置于光学显微镜观察，菌体呈短杆状，两端钝圆。

3. 细菌分离鉴定

从脾、肾和肝进行细菌分离，28℃下在BHI琼脂培养基上培养1 ~ 2d，菌落呈圆形隆起、表面光滑、边缘整齐、湿润有光泽，产生β型溶血环。将其转接纯化后进行革兰氏染色，呈阴性，菌体杆状，两端圆钝。可用16S rRNA通用引物扩增后进一步测序后，进行核苷酸序列比对初步确定菌属。

4. 核酸检测

提取病鱼组织的DNA，采用爱德华氏菌专用引物（选择上游引物gyrBF1:5′-GCATGGAGACCTTCAGCAAT-3′和下游引物gyrBR1:5′-GCGGAGATTTTGCTCTTCTT-3′，扩增片段大小为415bp）进行PCR扩增后，进行琼脂糖凝胶电泳，根据有无目的条带即可判定，可进行核苷酸序列比对确定菌种。

五、防治

1. 预防措施

爱德华氏菌主要通过消化道、鳃或皮肤伤口入侵鱼体，且该病的发生与水

温、投喂关系较为密切。在防控措施上，重点从以下入手：

（1）春秋时节，尤其是回温期，适当使用芽孢杆菌等微生态制剂调控水质，使水体维持水质清爽，溶解氧含量充足。

（2）春、秋季节合理投喂，根据天气状况灵活调整投喂量，勿加料过快，勿过度投喂，在天气剧烈波动时适当控料。

（3）运输、捕捞等可能引起强烈应激及鱼体损伤的事件，及时使用复合碘等温和高效的消毒剂进行水体消毒，减少水体病原菌，促进鱼体伤口康复。

（4）在流行季节，加强护肝保健，拌喂胆汁酸、虾青素、复合维生素等，每月2 ～ 3次，增强鱼体体质及抵抗力。

2.治疗措施

如已发病，可采用水体消毒与内服抗菌相结合的方案进行治疗：

（1）水体消毒　复合碘等高效温和消毒剂，全塘泼洒，抑杀水体病原菌。必要时可隔天再泼1次，连续2 ～ 3次。

（2）内服抗菌　氟苯尼考、盐酸多西环素等，搭配大蒜素，拌饵内服，连续5 ～ 7d。不同的菌株对常见水产用抗菌药的敏感性有一定差异，最好结合药敏试验选药用药，以确保疗效。

此外，需要指出，根据调研，暴发本病的池塘一般有明显的缩料现象，内服抗菌的疗程需要适当延长，才能获得较好的疗效；另一方面，该菌为条件致病菌，水体中常在，在治愈后，建议拌喂3 ～ 5d替抗成分，如虾青素等，以增强体质，巩固疗效，降低复发风险。

第七节　弗氏柠檬酸杆菌病

一、病原

弗氏柠檬酸杆菌（*Citrobacter freundii*）为兼性厌氧革兰氏阴性菌，隶属肠杆菌科（Enterobacteriaceae），柠檬酸杆菌属（*Citrobacter*）。菌体短杆状，两端钝圆，无芽孢和荚膜，可通过周鞭毛进行运动。普通营养琼脂培养基上菌落呈圆形，稍隆起、低凸，边缘整齐，表面光滑温润，半透明或不透明、浅灰白色，菌落直径2 ～ 4mm（图3-20）。

弗氏柠檬酸杆菌是人和陆生动物（哺乳类、鸟类、爬行类及两栖类）肠道中的正常菌种，但同时也具有致病性，易引起人类和动物腹泻及继发感染。现有研究表明，该菌对水产中的鱼类、虾蟹、龟、鳖等许多水生动物具有致病

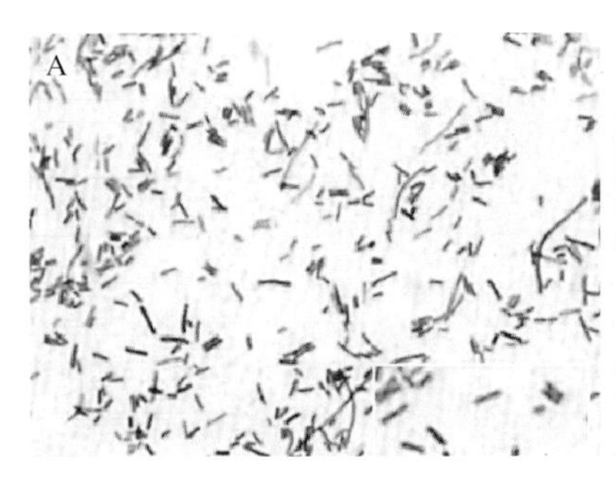
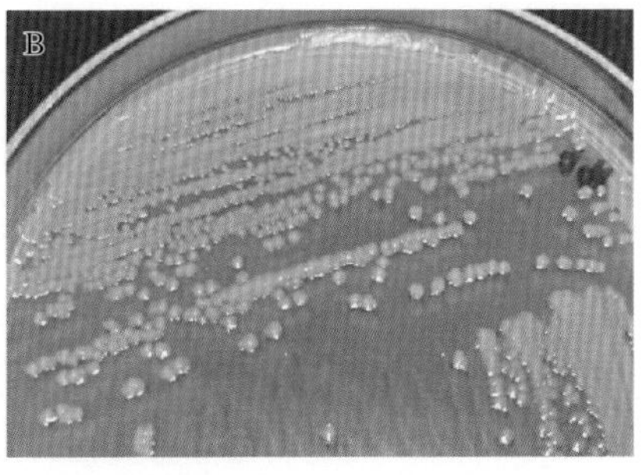

图3-20　弗氏柠檬酸杆菌形态

A.革兰氏染色光镜观察　B.BHI培养基上菌落形态

性，危害程度有逐年加重的趋势。弗氏柠檬酸杆菌通过其鞭毛和菌毛入侵机体后黏附于宿主细胞表面，经过定居、繁殖并释放大量内毒素引起动物发病甚至死亡。弗氏柠檬酸杆菌能在抵抗宿主的氧化应激和宿主细胞吞噬溶酶体的过程中，逃逸宿主的免疫应答，增强了该菌的适应性，为其成为致病菌创造了有利条件。

二、流行情况

弗氏柠檬酸杆菌能够感染多种鱼类，大口黑鲈感染弗氏柠檬酸杆菌的发病死亡率高达50%。目前，大口黑鲈弗氏柠檬酸杆菌病发病率不高，季节性不明显。

三、症状和病理变化

感染弗氏柠檬酸杆菌的大口黑鲈反应迟钝，摄食减少甚至不摄食。病鱼的主要症状表现为体表局部充血、出血和溃烂，鳃组织充血等。解剖病鱼可以发现肝处有白色斑点，脾肿大（图3-21）。病理组织观察显示，肝中央静脉和肝

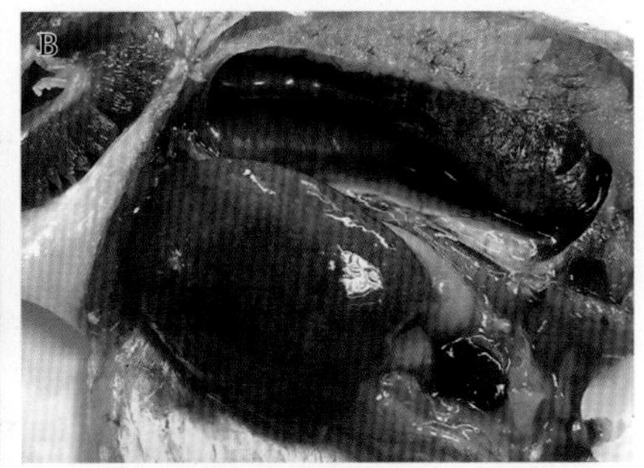

图3-21　大口黑鲈弗氏柠檬酸杆菌病临床症状

A.体表多处出血点　B.肝有白色斑点且淤血，脾肿大

窦扩张淤血，肝细胞变性坏死；鳃小片上皮细胞与毛细血管分离，鳃小片细胞坏死（图3-22、图3-23）。

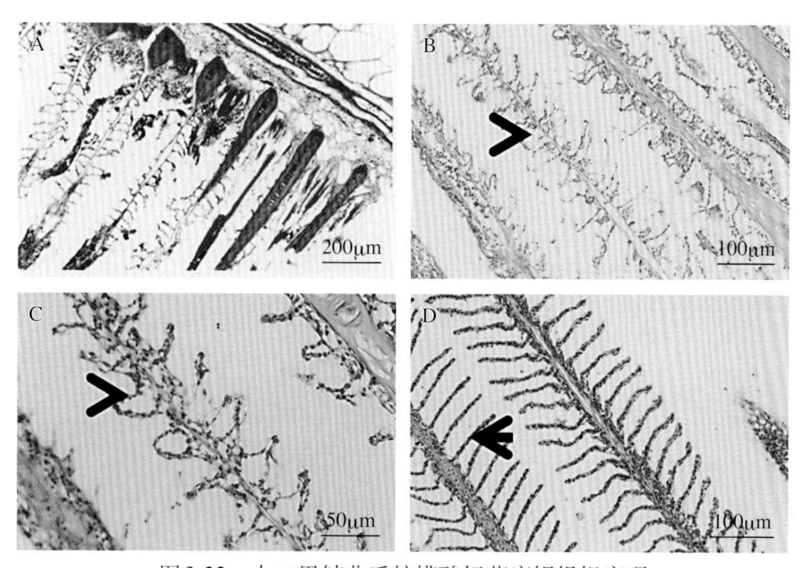

图3-22　大口黑鲈弗氏柠檬酸杆菌病鳃组织病理

A.弗氏柠檬酸杆菌感染后的鳃组织　B.鳃小片和鳃丝上皮细胞变性
C.鳃小片上皮细胞脱离毛细血管，呈球拍状　D.正常大口黑鲈的鳃组织
（引自陈绮梨等，2021）

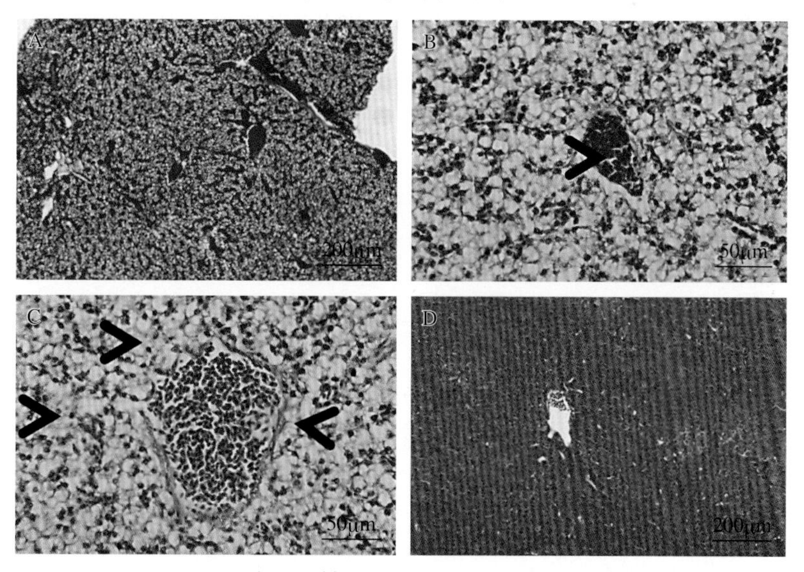

图3-23　大口黑鲈弗氏柠檬酸杆菌病肝组织病理

A.弗氏柠檬酸杆菌感染后的肝组织　B.中央静脉淤血（箭头），肝板排列紊乱
C.肝细胞空泡变性，呈散在变性坏死（箭头）　D.大口黑鲈正常肝脏组织
（引自陈绮梨等，2021）

四、诊断

1. 临床症状诊断

病鱼的主要症状为体表局部充血、出血和溃烂，鳃组织充血等，肝肿大，有白色斑点，脾肿大。

2. 显微镜检查

对内脏组织进行触片检查，使用瑞氏染色剂染色后进行镜检观察，可见短杆状、两端钝圆的细菌。

3. 细菌分离鉴定

从脾、肾和肝进行细菌分离，28℃下在BHI琼脂培养基上培养1 ~ 2d，菌落呈圆形、中间隆起、边缘整齐、表面光滑。将其纯化后进行革兰氏染色，呈阴性，短杆状，两端钝圆。可用16S rRNA通用引物扩增后进一步测序，进行核苷酸序列比对确定种类。

4. 核酸检测

提取纯化后的细菌DNA，采用弗氏柠檬酸杆菌（选择上游引物recN-F: 5′- ATTGCCATTGATGCTCTCGG-3′和下游引物recN-R: 5′- ANCGAGTCGGCCTGATCGT-3′，扩增片段大小为701bp）进行PCR扩增后，进行琼脂糖凝胶电泳，根据有无目的条带即可判定。

五、防治

1. 预防措施

（1）投喂优质饲料，避免投喂变质、不新鲜饵料。

（2）适当拌喂投喂一些益生菌，改善肠道菌群，以防肠道菌群失衡。

（3）在日常养殖中，要保持水体环境清爽、稳定，注意氨氮、亚硝酸盐的浓度和pH，减少鱼体应激。

2. 治疗措施

发病后，立即使用复合碘、苯扎溴铵等高效消毒剂全塘泼洒，抑杀水体病

原菌，阻止病情的传播。病情严重时可隔天再泼1次，共2 ～ 3次。

第八节　鲁氏耶尔森菌病

一、病原

鲁氏耶尔森氏菌（*Yersinia ruckeri*）是一种革兰氏阴性菌，隶属肠杆菌科（Enterobacteriaceae）、耶尔森菌属（*Yersinia*）。菌体呈短杆菌、形状微弯曲、两端钝圆，大小为（1.0 ～ 2.0）μm×（2.0 ～ 3.0）μm，有周鞭毛7 ～ 8根。该菌在20℃培养有动力，能够运动；在37℃培养无动力，且在20℃培养比37℃的生长更旺盛。鲁氏耶尔森氏菌在BHI琼脂培养基上生长的菌落呈圆形，表面光滑湿润、凸起、边缘整齐的乳白色，菌落直径可达2 ～ 3mm（图3-24）。

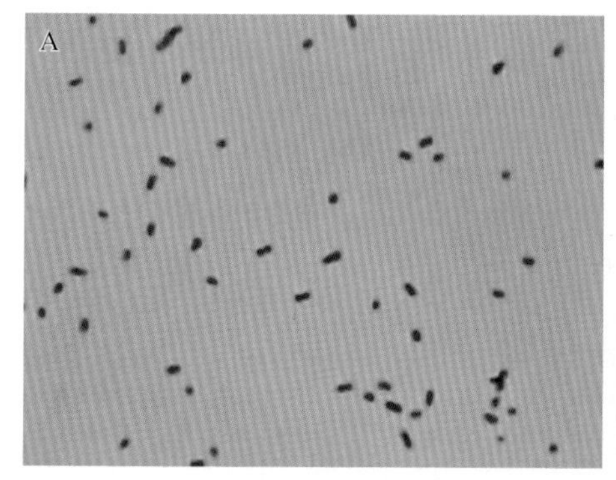

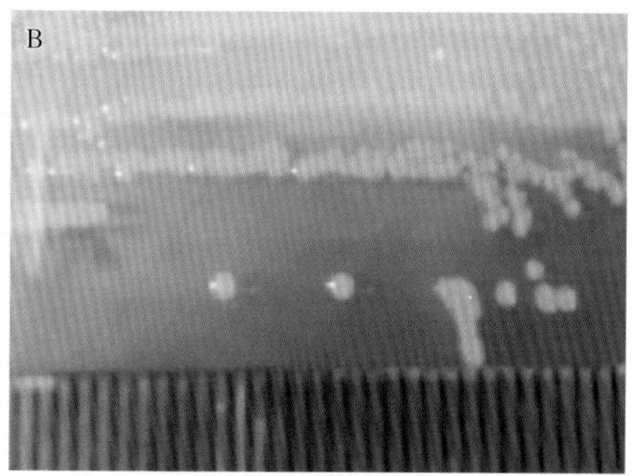

图3-24　鲁氏耶尔森氏菌形态

A.革兰氏染色光镜观察　B.BHI培养基上菌落形态

（引自王巧煌等，2022）

鲁氏耶尔森氏菌最早于1952年从美国鲑鳟体内分离，是冷水性鲑科鱼类的常见致病菌，可导致鲑鳟鱼类发生肠炎红嘴病，其主要症状为体表（尤其是嘴、鳍、泄殖孔）皮下出血，嘴和鳃盖骨发红，以及内脏器官充血、出血等。此外，上下颌和鳃部发炎糜烂，腹鳍、肠道和肌肉出血，因此又称之为肠炎红嘴病。鲁氏耶尔森氏菌还能侵入其他脏器，引起炎症。鲁氏耶尔森氏菌在金鱼、斑点叉尾鮰、鳗鲡、草鱼等其他鱼类也有发现，引发鱼类细菌性败血症。鲁氏耶尔森氏菌最显著的特征是它们具有抵抗巨噬细胞杀伤的能力，可在巨噬细胞内存活和繁殖。鲁氏耶尔森氏菌是专性寄生菌，虽能在沉积物中存活一段时间，但主要在鲑科鱼体内生存，可以从健康虹鳟（*Oncorhynchus mykiss*）的肾和下部肠道、粪便中都可分离到。

二、流行情况

鲁氏耶尔森氏菌病的发生通常在3月前后，水温在20℃左右的低温时期。鲁氏耶尔森氏菌感染大口黑鲈病例较少，目前缺乏相关流行数据。

三、症状和病理变化

感染鲁氏耶尔森氏菌的大口黑鲈会漂浮在水面，反应迟钝，静止不动，不喜摄食，甚至停止摄食。外观症状主要表现为嘴巴周围充血或出血，以及体表两侧出现出血点，类似鲑鳟鱼类的红嘴病。鲁氏耶尔森氏菌感染的后期，患病鱼会出现体色发黑、烂身、烂鳍等症状。对患病鱼解剖，可发现病鱼肝轻微充血或出血，脾肿大（图3-25）。

图3-25 大口黑鲈鲁氏耶尔森氏菌病的临床症状

A.体色发黑，烂嘴 B.体表溃烂 C.肝充血

对发病的大口黑鲈组织病理学观察，可见肝细胞内有中性粒细胞浸润，出现广泛空泡变性；脾组织结构异常，大部分区域脾小结结构紊乱，红髓白髓界限不清，并可见红髓中性粒细胞增多，少量细胞坏死变性；肾组织内可见细胞质疏松及炎症细胞浸润，个别细胞核破碎，肾小球萎缩变性，并可见中性粒细胞（图3-26）。

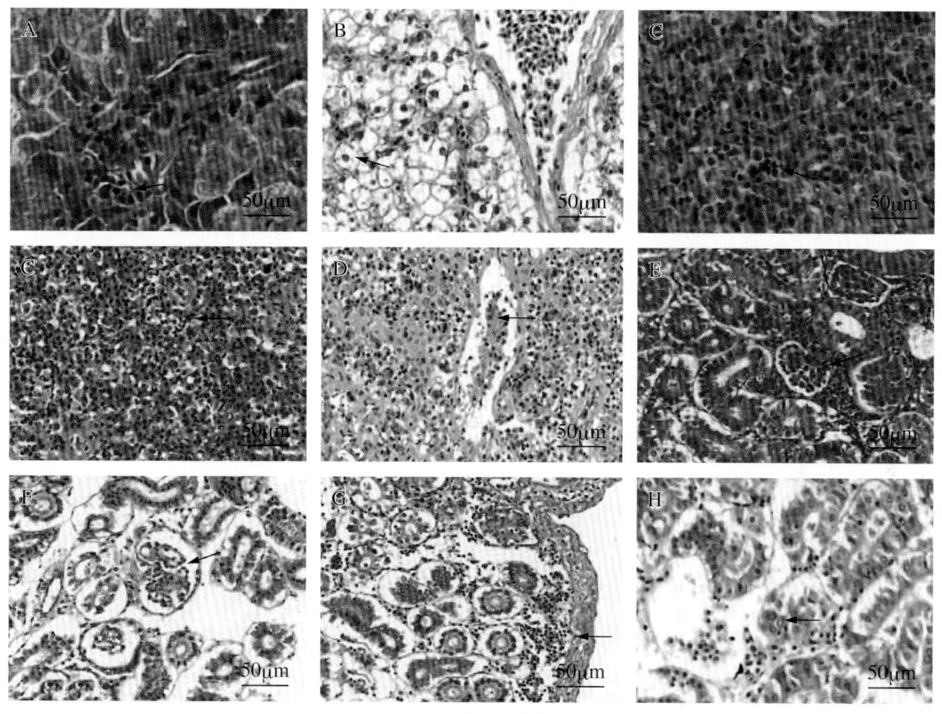

图3-26　大口黑鲈鲁氏耶尔森氏菌病的组织病理观察

A.患病大口黑鲈肝细胞内有中性粒细胞浸润　B.肝细胞空泡变性　C、D.脾细胞坏死变性
E.肾小球上有中性粒细胞浸润　F.肾小球萎缩变性　G.肾组织内可见炎症细胞浸润　H.肾细胞核破碎
（引自王巧煌等，2022）

四、诊断

1.临床症状诊断

病鱼漂浮于水面，反应迟钝，静止不动，摄食减少。外观症状主要表现为嘴巴周围充血或出血，体色发黑、烂身、烂鳍等症状，肝轻微充血或出血，以及脾肿大。

2.显微镜检查

对内脏组织进行触片检查，使用瑞氏染色剂染色后进行镜检观察，可见微弯曲、两端钝圆的短杆状细菌。

3.细菌分离鉴定

从脾、肾和肝进行细菌分离，28℃下在BHI琼脂上培养1 ~ 2d，菌落呈圆形，表面光滑湿润、凸起、边缘整齐，乳白色。革兰氏染色呈阴性，菌体微弯曲、短杆状、两边钝圆。可用16S rRNA通用引物扩增后进一步测序后，进行核苷酸序列比对确定种类。

4. 核酸检测

提取纯化后细菌DNA，采用弗氏柠檬酸杆菌（选择上游引物rupA-F:5′-GGCGGTTGGTATTTGAC-3′和下游引物rupA-R:5′-ACTGACCCAGCAGGATG-3′，扩增片段大小为192bp）进行PCR扩增后，进行琼脂糖凝胶电泳，根据有无目的条带即可判定。

五、防治

1. 预防措施

该菌主要发生于低温时期，因此在低温时期应注意防范。

(1) 入冬降温前，投喂优质饲料，并拌喂免疫增强剂，以提高鱼体的免疫力。

(2) 入冬降温前，调好水质，改好底质，避免水体有机物过多，为病原菌的滋生提供条件。

(3) 低温期，谨慎换水，以免造成强烈应激。

(4) 在刮网后及时使用高效温和的消毒剂，如复合碘等，进行水体消毒。

(5) 低温期，也应每天巡塘，发现病鱼及时诊断，早发现、早处理，避免暴发。

2. 治疗措施

(1) 水体消毒　选用高效温和的消毒剂，如复合碘等，进行水体消毒，抑杀病原菌，阻止病菌的传染而出现病情进一步恶化。

(2) 内服抗菌　恩诺沙星、盐酸多西环素、硫酸新霉素、氟苯尼考等，拌饵投喂，连续5～7d。

第九节　普通变形杆菌病

一、病原

普通变形杆菌（*Proteus vulgaris*），是一种革兰氏阴性菌，隶属肠杆菌科（Enterobacteriaceae）、变形杆菌属（*Proteus*）。菌体呈两端钝圆的杆状，无芽孢和荚膜，周身鞭毛动。普通变形杆菌在BHI培养基可长出表面光滑湿润，灰

白色半透明的菌落（图3-27）。

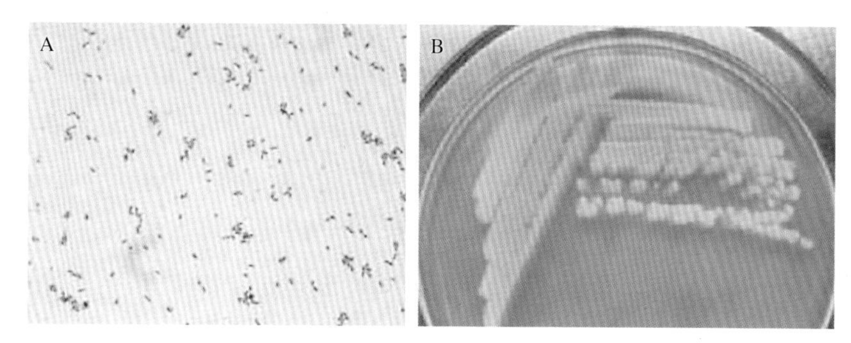

图3-27 普通变形杆菌形态

A.革兰氏染色光镜观察（引自刘有华等，2021） B.BHI培养基上菌落形态（引自陈福艳等，2016）

普通变形杆菌通常广泛存在于水、土壤、腐败的有机物和爬行动物、鸟类、哺乳动物等的肠道中，为肠道正常菌群的常见菌种。但若普通变形杆菌成为优势菌，能使动物出现肠胃炎、败血症 、脑膜炎等症状。目前，在水产养殖行业中，中华鳖、大口鲇（*Silurus soldatovi meridionalis* Chen）、斑点叉尾鮰、罗非鱼，以及大口黑鲈等均可感染普通变形杆菌。研究表明，变形杆菌能通过菌毛黏附在宿主细胞上，快速滋生鞭毛和多糖荚膜，在宿主细胞内释放大量溶血素、脲酶、溶蛋白酶等毒力因子，使宿主机体出现异常而发病。

二、流行情况

普通变形杆菌能够感染大口鲇、斑点叉尾鮰等鱼类。普通变形杆菌引起鱼类疾病具有一定的季节性，通常在5—10月，气温较高时容易发病。2020年在广东佛山某养殖场发现大口黑鲈感染普通变形杆菌，目前缺乏相关的流行病学数据，但应引起注意。

图3-28 大口黑鲈普通变形杆菌病鱼临床症状

A.体表有溃疡 B.肠道溃烂且颜色深黄

三、症状和病理变化

大口黑鲈感染普通变形杆菌后，摄食量减少、离群独游、反应较为迟钝，体表会出现多处溃烂。解剖后可观察到肝、脾、肾等有轻度充血，且肠道有溃烂，颜色深黄（图3-28）。

四、诊断

1.临床症状诊断

普通变形杆菌会导致大口黑鲈体表溃烂，解剖可发现大口黑鲈肠道溃烂且颜色深黄。但与点状气单胞菌和迟缓爱德华氏菌引起的肠炎较相似，需进一步甄别。

2.显微镜检查

对内脏组织进行触片检查，使用瑞氏染色剂染色后进行镜检观察，可见微弯曲、两端圆钝呈短杆状的细菌。

3.细菌分离鉴定

从脾、肾和肝进行细菌分离，28℃下在BHI琼脂上培养1 ~ 2d，菌落呈圆形，表面光滑湿润、边缘整齐、乳白色。革兰氏染色呈阴性，菌体短杆状，两边钝圆。可用16S rRNA通用引物扩增后进一步测序后，进行核苷酸序列比对确定种类。

4.核酸检测

提取纯化后细菌DNA，采用普通变形杆菌（选择上游引物atpD -F:5′-GGTAAAGCGACTTTAGGACG-3′和下游引物atpD -R:5′-TCAGTACCACTGTCGCATCT-3′，扩增片段大小为727bp）进行PCR扩增后，进行琼脂糖凝胶电泳，根据有无目的条带即可判定。

五、防治

1.预防措施

普通变形杆菌感染相对少见，在高温期，水质严重恶化或鱼体亚健康状态才会感染发病。本病的主要防控措施如下：

(1) 夏季，适当加高池塘水位，以减小水温波动，并灵活使用增氧机，避免表层水温过高。

(2) 投喂优质配合饲料。水温超过30℃时，需适当控料投喂，并定期拌喂虾青素、三黄散等保健、清热成分，以增强鱼体的体质。

（3）高温期，适当使用光合细菌、乳酸菌等微生态制剂调节水质，使池塘水体维持肥、活、嫩、爽，确保水环境良好、溶解氧含量充足。

2.治疗措施

如已发病，则可采取水体消毒与内服抗菌相结合的方式进行治疗，具体方案如下：

（1）水体消毒　复合碘、苯扎溴铵等消毒剂，全塘泼洒。严重时隔天再泼1次，共2～3次。

（2）内服抗菌　恩诺沙星、氟苯尼考等抗菌药，可搭配三黄散等，拌饵内服，连续5d。有条件的，送检进行细菌分离培养与药敏试验，依据药敏结果选药用药，效果更佳。

第十节　腐败希瓦菌病

一、病原

腐败希瓦氏菌（*Shewanella putrefaciens*）属好氧或兼性厌氧发酵型革兰氏阴性菌，隶属交替单胞菌目（Alteromonadales），希瓦氏菌科（Shewanellaceae）希瓦氏菌属（*Shewanella*）。菌体呈杆状，有极生单鞭毛，具有纤毛，无芽孢和荚膜，具有运动能力。在LB培养基上可长成圆形、边缘整齐，表面湿润、光滑，不透明，红褐色的菌落；TCBS平板菌落呈绿色；麦康凯培养基上形成半透明、光滑、灰白至浅橙色的菌落；SS培养基生长极其缓慢，培养48h出现少量半透明、淡红、中心带褐色的小菌落（图3-29）。

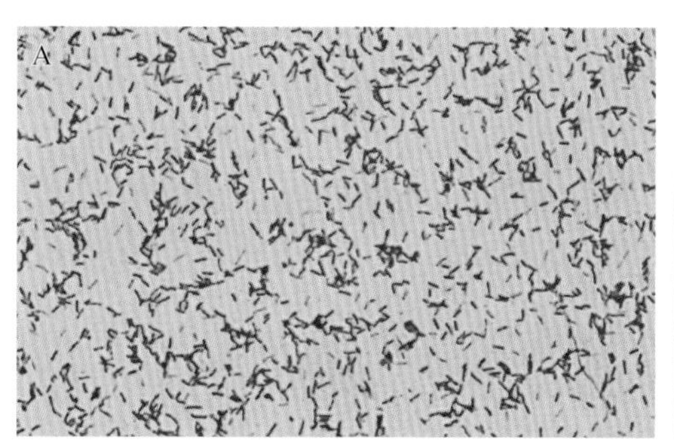

图3-29　腐败希瓦氏菌形态

A.革兰氏染色光镜观察（引自Jiang等，2022）　B.血平板上的生长形态希瓦氏菌属广泛分布于淡水、污水和海洋中，不但是一种重要的海鲜变质菌，而且还是动物的病原菌。在哺乳动物中，希瓦氏菌与各种感染有关，如耳部、皮肤和软组织感染以及菌血症。在鱼类中，有研究报告了腐败希瓦氏菌可感染欧洲海鲈（*Dicentrarchus labrax*）、泥鳅（*Misgurnus anguillicaudatus*）、虹鳟、欧洲鳗鲡（*Anguilla anguilla*）、罗非鱼等，主要引起鱼的皮肤出血、鳍条腐烂和皮肤浅坏死性溃疡，肝、脾和肾充血等。2022年，在河南省某养殖场出现大口黑鲈感染腐败希瓦氏菌并造成大量死亡的病例。

二、流行情况

腐败希瓦氏菌是鱼类在冷藏过程中的一种重要的腐败微生物。在鱼类养殖中，已被证明在水温低于10℃才能造成鱼体发病。研究也表明，腐败希瓦氏菌在10℃时的毒力显著高于在25℃时。说明水温是影响腐败希瓦氏菌毒力的关键因素。2021年3月，水温10℃，河南省某养殖场发生腐败希瓦氏菌病并持续出现死亡，而在大口黑鲈养殖中流行情况不详。

三、临床症状和病理变化

病鱼的临床表现为食欲不振，游动缓慢，鳃盖及鳍条出血，背侧和腹部破损、溃疡，鳍条腐烂（图3-30）。病理显示，肠道杯状细胞较少，表现为细胞变性和上皮空泡化，肠内表皮模糊。大量的炎症细胞浸润到头肾，在受感染鱼的脾中观察到大量的含铁血黄素颗粒。受感染鱼的组织中也出现了严重的细胞空泡化，细胞核明显固缩，肝中Kupffer细胞数量增加(图3-31)。

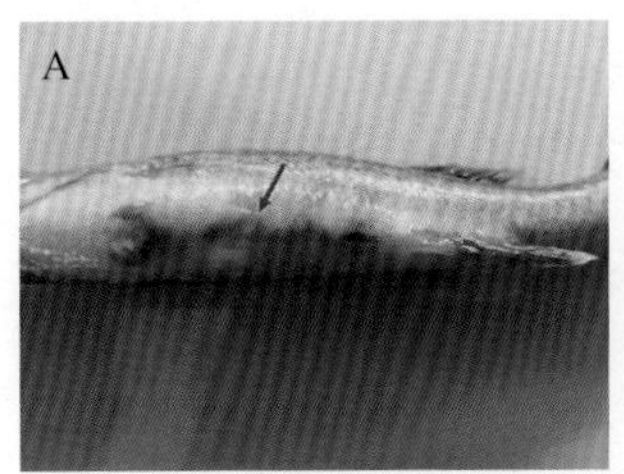

图3-30 大口黑鲈腐败希瓦氏菌病的临床症状

A.腹部出血（红色箭头） B.背部溃疡（红色箭头） C.腹部溃疡（红色箭头）

（引自Jiang et al., 2022）

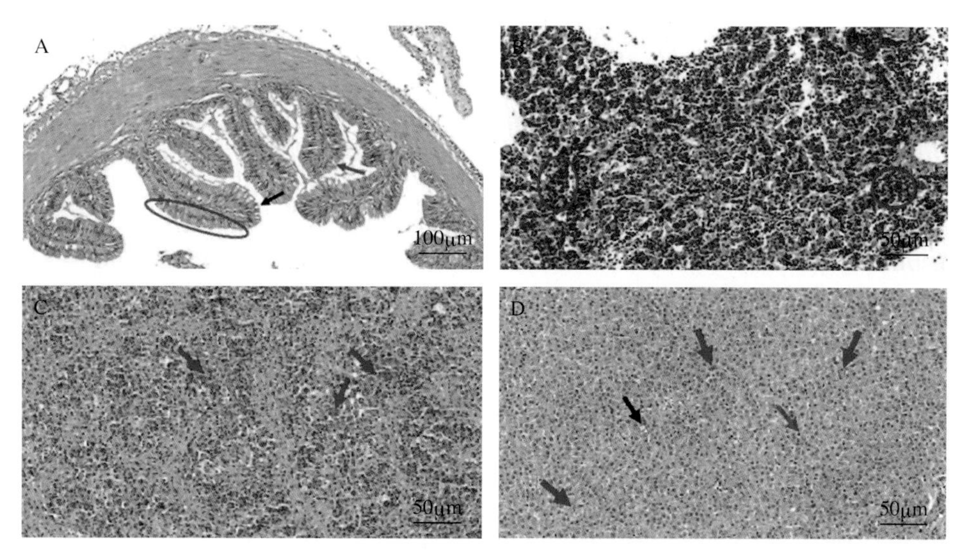

图3-31 大口黑鲈腐败希瓦氏菌病的组织病理变化

A.肠道杯状细胞缺失（黑色箭头），上皮空泡化（红色箭头），细胞蜕变，角质层模糊（红色圈） B.头肾被大量炎症细胞浸润（红色圈） C.脾中含铁血黄素颗粒丰富（红色箭头） D.肝中细胞严重空泡化（黑色箭头），细胞核明显固缩（蓝色箭头），库普弗细胞数量增加（红色箭头）

（引自 Jiang et al., 2022）

四、诊断

1.临床症状诊断

在低水温时，大口黑鲈表现食欲不振，游动缓慢，鳃盖及鳍条出血，背侧和腹部破损、溃疡，鳍条腐烂。

2.显微镜检查

对内脏组织进行触片检查，使用瑞氏染色剂染色后进行镜检观察，可见两端圆钝的杆状细菌。

3.细菌分离鉴定

从脾、肾和肝进行细菌分离，28℃下在BHI琼脂上培养1 ～ 2d，菌落圆形、边缘整齐、表面湿润、光滑、不透明，呈红褐色，革兰氏染色呈阴性，短杆状，两端钝圆。可用16S rRNA通用引物扩增后进一步测序，进行核苷酸序列比对确定种类。

五、防治

1.预防措施

（1）本病主要发生于低温期，水温高于10℃不易发病。因此，做好池塘的保温工作（入冬前加高水位，搭建冬棚等），是预防本病最有效的措施。

（2）投喂优质的配合饲料，不投冰鲜鱼等可能带有病原的饵料。

（3）勤巡塘，发现病鱼，及时送检确诊，发现死鱼，及时捞除。

2.治疗措施

如已发病，由于水温很低，大口黑鲈的消化很慢，摄食较差，内服敏感抗生素效果不佳，主要靠水体消毒以控制病情。复合碘等高效温和的消毒剂，全塘泼洒，隔天1次，共2～4次。可根据药敏试验，搭配用药明白纸上推荐的抗生素，效果更佳。此外，需及时捞除死鱼，以免其将病菌传染给其他的健康鱼。

参考文献

陈福艳，黄国城，黄彩林，等，2016. 暹罗鳄鱼致病性普通变形杆菌的分离与鉴定[J]. 江西农业(11): 51-54.

陈绮梨，常藕琴，张德峰，等，2021. 加州鲈源弗氏柠檬酸杆菌的分离鉴定及耐药性分析[J]. 南方农业学报，52(2): 465-474.

付亚成，2010. 加州鲈嗜水气单胞菌灭活疫苗免疫效果及免疫学评价[D]. 长沙：湖南农业大学.

黄冠军，饶朝龙，刘衍鹏，等，2011. 柱状黄杆菌常规PCR检测体系的建立[J]. 水产科学，30(11): 689-692.

蒋启欢，2021. 嗜水气单胞菌的分离鉴定及控制方法研究[D]. 合肥：合肥工业大学.

蒋依依，李安兴，2011. 鰤诺卡菌特异性PCR快速检测方法的建立[J]. 南方水产科学，7(6): 47-51.

柯文杰，孙斌斌，覃华斌，等，2020. 加州鲈源普通变形杆菌分离、鉴定及药敏分析[J]. 水产学杂志，33(2): 29-34.

黎雪梅，李小兵，郑宗林，等，2014. 水生动物柱状黄杆菌的研究进展[J]. 饲料与畜牧

(6):31-37.

刘有华，秦涛，王倩楠，等，2021. 泥鳅普通变形杆菌的分离、鉴定及药物敏感性分析[J]. 江苏海洋大学学报(自然科学版)，30(2): 30-35.

龙波，王均，贺扬，等，2016. 加州鲈源维氏气单胞菌的分离、鉴定及致病性[J]. 中国兽医学报，36(1):48-55.

罗愿，2021. 9株鱼源鰤诺卡氏菌生物学特性及其致病性分析[D]. 上海：上海海洋大学.

饶静静，李寿崧，黄克和，等，2007. 致病性嗜水气单胞菌多重PCR检测方法的建立[J]. 中国水产科学(5):749-755.

王巧煌，林楠，元丽花，等，2022. 大口黑鲈鲁氏耶尔森氏菌的分离鉴定、主要毒力基因及致病性研究[J]. 水产学报，46(5): 825-835.

夏立群，王蓓，夏洪丽，等，2013. 鱼诺卡氏菌培养条件及培养基的优化[J]. 南方水产科学，9(3):51-56.

夏焱春，曹铮，蔺凌云，等，2018. 大口黑鲈主要病害研究进展[J]. 中国动物检疫，35: 72-76.

谢海平，喻佳俊，黄清，等，2020. 基于MALDI-TOF MS技术对加州鲈病原弗氏柠檬酸杆菌的快速鉴定[J]. 淡水渔业，50(6):40-45.

薛巧，赵战勤，刘会胜，等，2015. 弗氏柠檬酸杆菌对动物和人致病性研究进展[J]. 动物医学进展，36(7):81-85.

叶伟东，郭成，曹海鹏，等，2018. 加州鲈出血病嗜水气单胞菌的分离鉴定、致病性和体外抑菌药物研究[J]. 淡水渔业，48(5):54-60.

张晓君，2004. 鲁氏耶尔森氏菌及鱼类相应感染症(综述)[J]. 河北科技师范学院学报(3):77-80.

Huang X, Sha LA, Xia CB, et al., 2020. Comparative pathological description of nocardiosis in largemouth bass (*Micropterus salmonids*) and other Perciformes[J]. Aquaculture, 534.

Jiang X Y, Wang X Y, Li Lei, et al. , 2022. Identification of *Shewanella putrefaciens* as a novel pathogen of the largemouth bass (*Micropterus salmoides*) and histopathological analysis of diseased fish[J]. Front Cell Infect Microbiol, 12:1042977.

Lan J, Zhang X H, Wang Y, et al. , 2008. Isolation of an unusual strain of *Edwardsiella tarda* from turbot and establish a PCR detection technique with the gyrB gene[J]. Journal of applied microbiology, 105(3): 644-651.

Lei X, Zhao R, Geng Y, et al. , 2020. *Nocardia seriolae*: a serious threat to the largemouth bass Micropterus salmoides industry in Southwest China[J]. Diseases of Aquatic Organisms, 142:13-21.

Pei C S, Zhu H L, Qiao L, et al. , 2021. Identification of Aeromonas veronii isolated from largemouth bass *Micropterus salmoides* and histopathological analysis[J]. Aquaculture, 540(1).

Xu T G, Zhang X H, 2014. *Edwardsiella tarda*: an intriguing problem in aquaculture[J]. Aquaculture, 431.

第四章　大口黑鲈寄生虫性疾病

第一节　隐鞭虫病

一、病原

隐鞭虫（*Cryptobia* spp.）隶属于鞭毛虫纲（Flagellata）、波豆科（Bodonidae）、隐鞭虫属（*Cryptobia*）。目前，已报道隐鞭虫超过70多种，我国记录有近20种，主要寄生于鳃、消化道和血液中，其中6种寄生于鳃，7种寄生于消化道，其余大部分种类寄生血液，寄生于大口黑鲈的为鳃隐鞭虫（*Cryptobia* sp.），未定种。

鳃隐鞭虫身体狭长或近似叶片状。虫体前端有2个毛基体，各生出1条鞭毛，一条向前伸出，成为游离的前鞭毛，另一条沿虫体边沿向后伸，与身体之间形成波浪形的波动膜，至虫体后端再离开虫体成为后鞭毛，后鞭毛可插入或黏附在宿主的鳃表皮组织里（图4-1）。体前部有1个圆形或长形的动核，中部有1个圆形或椭圆形的胞核，以纵二分裂法繁殖。鳃隐鞭虫生活史只有1个宿主，靠直接接触传播。

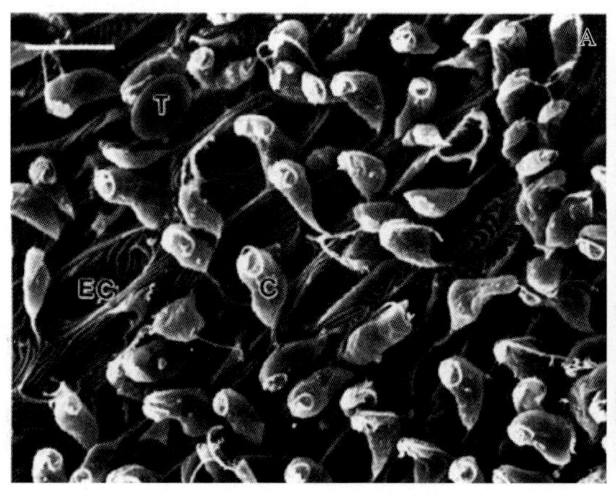

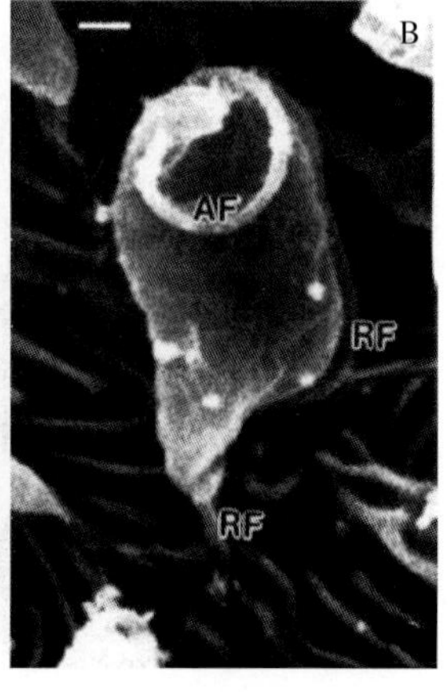

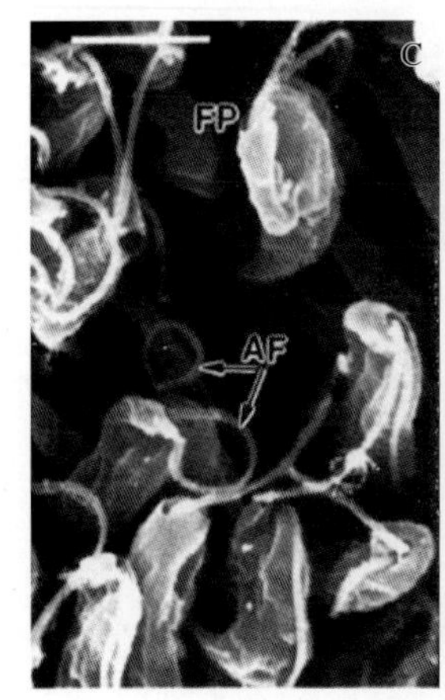

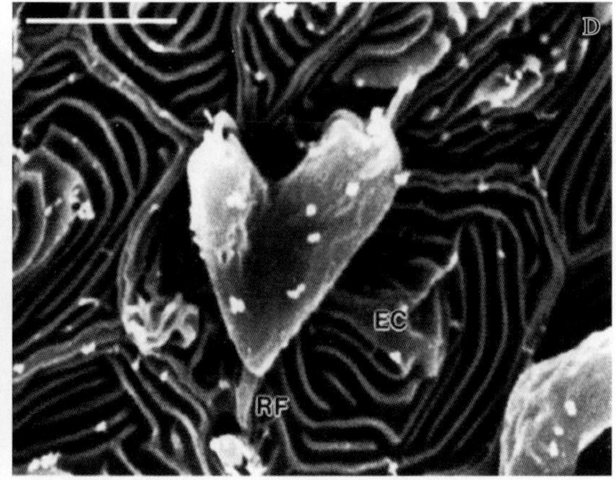

图4-1　鳃上的隐鞭虫扫描电镜图

A.鳃丝上有大量的隐鞭虫　B.隐鞭虫整体观　C.隐鞭虫前鞭毛和细原纤维（箭头）
D.隐鞭虫纵向裂变　AF.前鞭毛　C.隐鞭虫　EC.鱼鳃的上皮细胞　FP.鞭毛囊
RF.后鞭毛　比例尺：A= 10μm，B=1μm，C、D= 5μm
（引自 Kuperman et al.，2002）

二、流行情况

鳃隐鞭虫病自20世纪50年代发现后，广泛出现于全国各地。其对寄主无严格的选择性，池塘养殖鱼类均能感染，但能引起大量死亡的主要为鱼苗和鱼种。各种规格的大口黑鲈均可感染鳃隐鞭虫，主要危害鲈鱼苗种，尤其在饲养密度大、水质寡瘦时，容易发生此病。在3—11月大口黑鲈养殖中均有检测到鳃隐鞭虫，以4—6月最为常见。

三、病症与病理变化

当大口黑鲈感染少量鳃隐鞭虫时，如水质良好，溶解氧含量充足，一般无明显病症。但是，当大口黑鲈朝苗（全长5 ~ 12cm）感染大量鳃隐鞭虫时，病鱼体色会变黑（图4-2），摄食变差，鱼体消瘦，在早晨或饱食后出现浮头现象，随着病情的发展，会出现部分病鱼眼睛坏死，甚至出现持续性死鱼。在冬季、春季，也偶见大口黑鲈成鱼感染大量鳃隐鞭虫，尽管一般不会出现死亡，但患病鱼摄食较差，浮于水体表层（俗称“暗浮头”），如不及时处理，也容易诱发烂鳃病、诺卡氏菌病等细菌性病害。

鳃隐鞭虫主要侵染大口黑鲈的鳃部，破坏鳃小片上皮并产生凝血酶，使鳃血管内的红细胞凝固而阻塞血管，从而导致上皮呼吸细胞肿胀、坏死，黏液增多，阻碍呼吸，引起病鱼摄食变差，鱼体消瘦，甚至死亡。

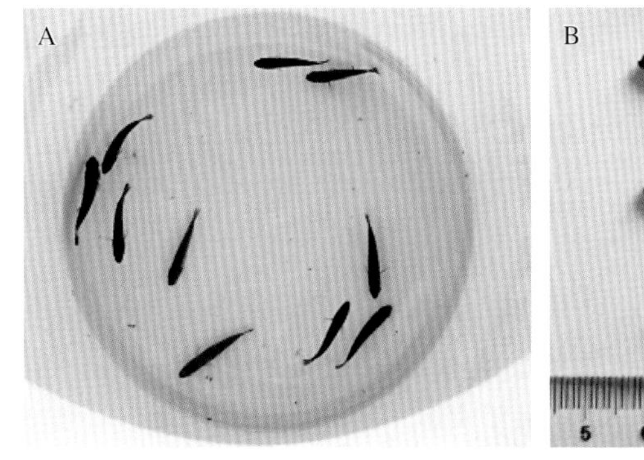

图4-2 病鱼体色发黑

四、诊断

大口黑鲈朝苗阶段感染大量鳃隐鞭虫时，鱼体消瘦，体色偏黑，部分病鱼眼睛坏死。在早晨、阴雨天气或饱食后，患病鱼很容易出现浮头。冬春季节，大口黑鲈成鱼感染大量鳃隐鞭虫时，主要表现为摄食变差，暗浮头（即鱼群浮于水体中上层）。如出现上述症状，应考虑鳃隐鞭虫感染。

在诊断时，取适量病鱼鳃丝，滴加原塘水或生理盐水，制成水浸片，置于显微镜100倍、400倍镜下仔细观察，鳃隐鞭虫虫体呈柳叶状，一端固定于鳃组织，另一端不停地摆动，波动膜的起伏明显。如在高倍显微镜的视野下可见数十个甚至上百个虫体（图4-3），即可诊断为此病。

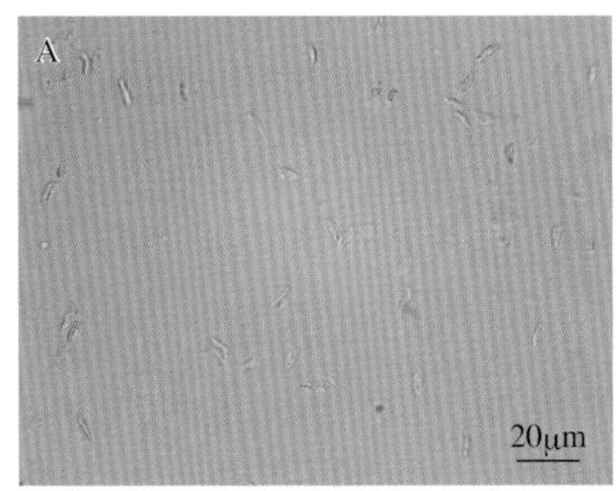

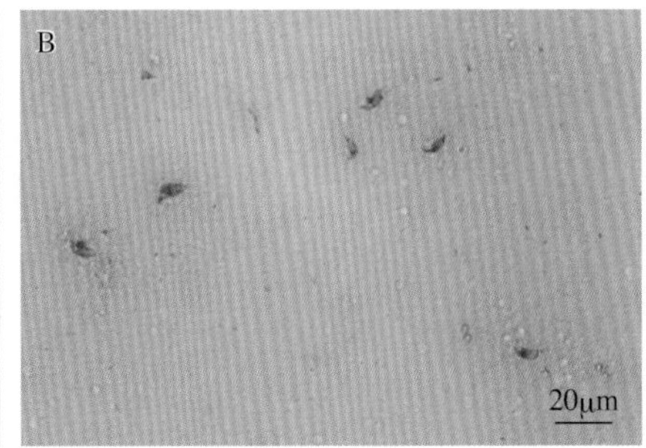

图4-3 鳃隐鞭虫显微镜图

A.鳃黏液 B.吉姆萨染色

需要特别指出，由于鳃隐鞭虫虫体细小，需借助其运动性进行分辨，确保镜检时虫体仍存活，对于准确诊断此病至关重要。因此，采集病鱼后，务必立即送检，且病鱼需带水运输，制作鳃丝水浸片后要立即观察；否则，病鱼或鳃丝离水时间过久，虫体失活，将难以分辨而造成漏诊。

五、防治

1.预防措施

（1）以预防为主，在饲养前鱼塘要彻底清塘、清淤，暴晒数日，用生石灰全池泼洒消毒，保持池水的洁净，要不时加入新水。

（2）鱼种放养前可用8mg/L硫酸铜溶液浸洗20 ～ 30min。

（3）鱼苗放养密度适当，不可过密。

（4）养殖过程中，适时使用水产专用无机肥等，维持水体适宜的肥度。

2.治疗措施

（1）少量感染时，危害不大，多开增氧，调肥水质，确保溶解氧充足即可。

（2）大量感染时，可选用硫酸铜和硫酸亚铁合剂（0.7mg/L）或硫酸锌（1mg/L），或市场上针对原虫类的杀虫药，全池泼洒。

（3）每亩水面用苦楝皮或枝叶20 ～ 25 kg煎水，全池泼洒，或者扎捆苦楝枝叶浸泡于塘中也有效果。

需要特别指出，使用硫酸铜（硫酸亚铁合剂）、硫酸锌等重金属类杀虫药时，由于此类药物也会有一定程度的杀藻作用，从而导致水体溶解氧含量下降，因此施药后一定要注意增氧，确保溶解氧充足。此外，大口黑鲈对有机磷类杀虫药（如敌百虫、辛硫磷等）较为敏感，按常规分量使用也可能导致中毒甚至死亡，切勿使用。

第二节　锥体虫病

一、病原

锥体虫（*Trypanosoma* spp.），属于肉足鞭毛门（Sarcomastigophora），动鞭毛纲（Zoomastigophorea）、动基体目（Kinetoplastida）、锥体虫科（Trypanasomatidae）、锥体虫属（*Trypanosoma*）。锥体虫是一类主要营寄生生活的原生动物，目前有记录的可侵染鱼体的种类有200多种，寄生于血液中，大部分对鱼不造成明显损害，但少数种类可使鱼类大量死亡。近年来，大口黑鲈锥体虫发病逐渐增多，江飚等（2019）对其进行分离鉴定，命名为大口黑鲈锥体虫（*Trypanosoma micropterus*），并详细描述了其形态及对鱼的危害。

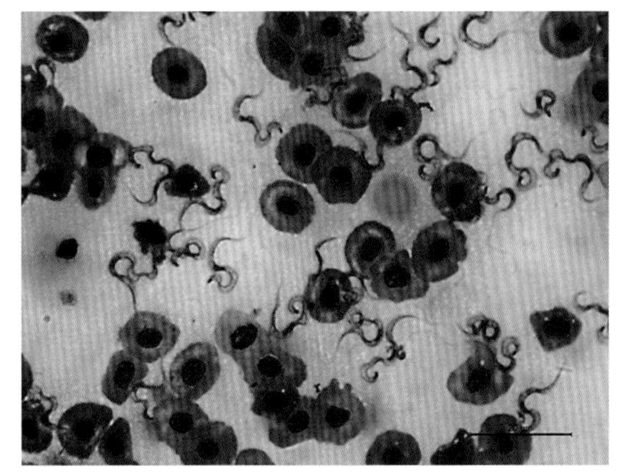

图4-4　大口黑鲈锥体虫的形态

大口黑鲈锥体虫体长为17.0～26.6μm，虫体狭长，成熟期大部分呈S形、波浪形或环形，具有细胞核、动基体、波动膜及一根由后端向前延伸的鞭毛等细胞器（图4-4），可做蛇形运动。细胞核单个，位于中部，椭圆形；动基体是由锥体虫线粒体DNA特化而成的致密圆盘状结构，位于体后端，是锥体虫的一个标志性特征；鞭毛与波动膜都是锥体虫的运动器官，通常一个锥体虫仅含有一根鞭毛，其内部为9×（2+2）型的微管结构，即9对双联体微管包围着1对中心微管，中心微管呈螺旋状，具有收缩功能，鞭毛的运动主要通过中心微管收缩完成。

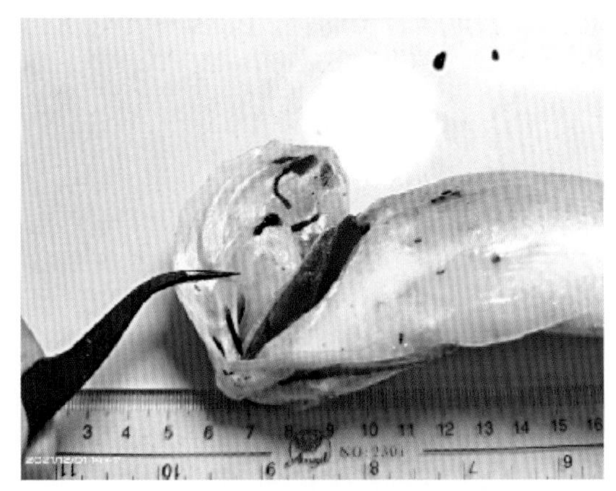

图4-5　吸附在大口黑鲈的鱼蛭

（徐力文拍摄）

鱼类锥体虫的生活史比较复杂，中间宿主为水蛭，水蛭经过叮咬与吸血将锥体虫传播到鱼体（图4-5），一般需经历潜伏期、发展期、感染期和稳定期4个过程。锥体虫随水蛭吸血感染鱼体后，首先经历一个潜伏期（2～9d）；随后进入发展期，这一时期（数天至数周），锥体虫以二分裂方式进行繁殖，在鱼的外周血中可以观察到大量虫体，可导致鱼的死亡；慢性感染期阶段锥体虫数量逐渐减少，虫体不再分裂，此状态可持续数周或者一直保持处于这种状态；稳定期后鱼体外周血中完全不存在锥体虫，但有时能在鱼体的头肾、假鳃或视网膜上发现虫体。

二、流行情况

锥体虫在我国分布较广，种类较多，其宿主涉及鱼类、两栖类、鸟类、哺乳类等脊椎动物，但不同种类的锥体虫具有一定宿主特异性。锥体虫以感染大口黑鲈中成鱼为主，几乎全年均可检出，以7月至翌年3月最为常见。近年来，锥体虫病在佛山等大口黑鲈主养区时有暴发，并呈迅速增多趋势。一些多年未清淤的池塘，尤其是一些螺、蚌、水蛭多的池塘容易暴发本病。本病病程长，病情严重时日死亡率可达0.2%～0.5%，且会与大口黑鲈虹彩病毒病等混合发病，增大损耗。

三、症状和病理变化

大口黑鲈感染锥体虫后，前期无明显症状，但随着锥体虫的繁殖增多，会导致其呼吸困难，体色偏黑，食欲减退，离群独游，反应迟钝。取病鱼观察，可见部分病鱼眼睛突起，鳃丝颜色偏白。解剖常可见肝萎缩，颜色偏黄或白，脾发黑、肿大，血液凝固偏慢等（图4-6）。

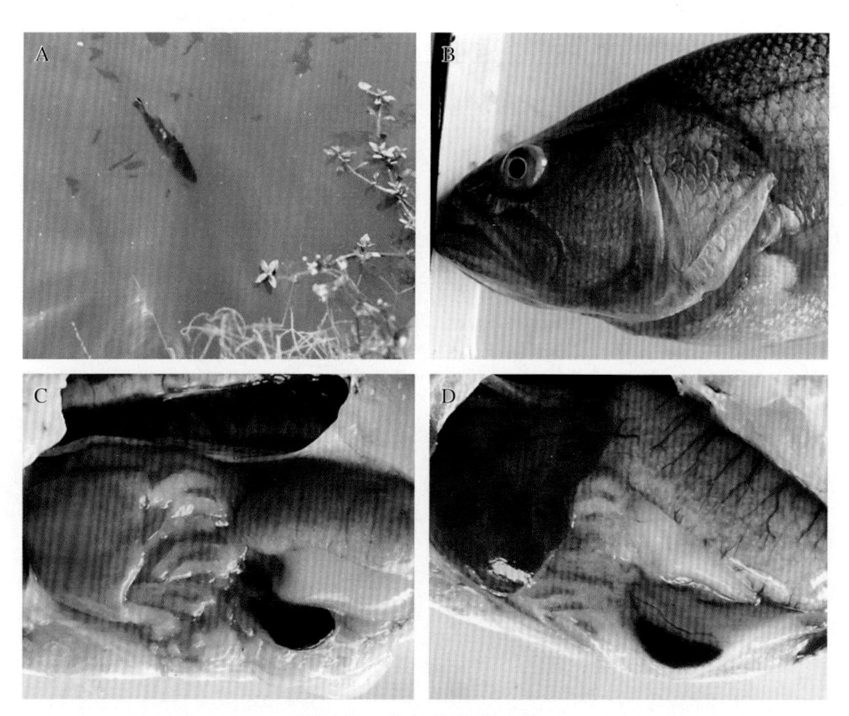

图4-6　病鱼的临床症状

A.病鱼表现为嗜睡、行为异常，浮于水面或在水面上喘息　B.眼球凸出
C.肝苍白，脾肿大　D.健康鱼的肝和脾

锥体虫主要寄生于血液，吸取血液中的营养物质，破坏红细胞，影响氧气的运输，引起血糖含量显著降低，甚至出现严重的贫血。锥体虫也可在鱼体内随血液移动，造成器官和组织的损伤，引起肝细胞脂肪变性、坏死，肾、脾等

淋巴细胞减少，导致肝病变，脾肾充血肿大、出血等（图4-7）。

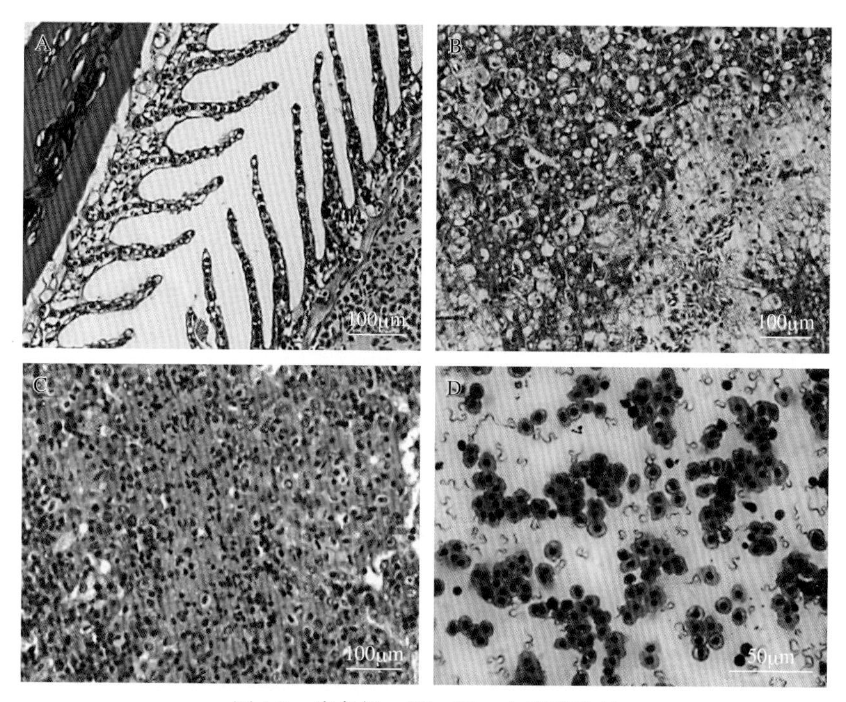

图4-7 病鱼鳃、肝、脾、血病理病变

A.鳃丝肿胀 B.肝水肿及空泡变性 C.脾结构明显紊乱，肿胀解体，甚至坏死
D.在血液中观察到大量的锥体虫

四、诊断

大口黑鲈中成鱼池塘，当出现病鱼黑身、定边，持续性少量死鱼，而症状表现为鳃丝偏白、血液凝固偏慢等锥体虫病典型症状时，取血液制成水浸片镜检，见锥体虫虫体即可确诊。在显微镜下观察，锥体虫呈S形，波浪形状扭动虫体。也可制作血液涂片，进行吉姆萨染色后观察血液中是否有大量的锥体虫。

五、防治

暂无有效治疗方法，预防此病，应从驱除杀灭水蛭着手。

（1）放苗前，要充分做好清淤、晒塘工作，并使用生石灰等彻底清塘消毒，消灭水蛭，避免其携带锥体虫感染养殖鱼类。

（2）养殖过程中，以调水为主，尽量少换水。如确需换水，需充分了解附近池塘发病情况，避免被发病池塘水源污染，保证养殖水体有独立的水源供给，保持良好的水质和卫生条件。

(3) 养殖过程中，在流行期，可适当拌喂驱虫中药，如青蒿素等进行预防。如已发病，病情较轻，可考虑拌喂免疫多糖、复合维生素等增强体质，同时使用广谱性水产专用杀虫药进行水体杀虫，驱杀水体中的水蛭，阻止病情的进一步扩散、恶化；如病情较为严重，而鱼的规格较大，则建议考虑卖鱼。

第三节　杯体虫病

一、病原

杯体虫（*Apiosoma* spp.）是一种固着类纤毛虫，属于寡膜纲（Oligohymenophorea）、缘毛亚纲（Peritrichia）、缘毛目（Peritrichida）、杯形科（Scyphidiidae）、杯体虫属（*Apiosoma*），中国记录有10余种。固着类纤毛虫病的病原种类较多，常见的种类有杯体虫（*Apiosoma* spp.）、聚缩虫（*Zoothamnium* spp.）、累枝虫（*Epistylis* spp.）、单缩虫（*Carchesium* spp.）、钟虫（*Vorticella* spp.）等。每种虫体构造大体相同，呈倒钟形或高脚杯形，前端形成盘状的口围盘，边缘有纤毛，里面有1口沟，虫体内有带形、马蹄形、椭圆形大核和1个小核，虫体后端有柄或无柄。大口黑鲈较为常见的种类有杯体虫和累枝虫。

杯体虫虫体纤毛细长，呈杯状，其身体从唇盘到茎逐渐变细，大小为（52 ～ 105）μm×（14 ～ 53）μm。口围盘四周有3层口缘膜结构，缘膜由纤毛构成。口围盘内有1个左转的口沟，后端与前庭相接。在体中部或之后，有1个圆形或三角形的大核，小核在大核之侧，一般呈细长的棒状，与体轴平行。在前庭附近有1个伸缩泡。体后端有1个附着盘，具有弹性纤维丝。体表有细致横纹（图4-8）。杯体虫可行无性生殖和有性生

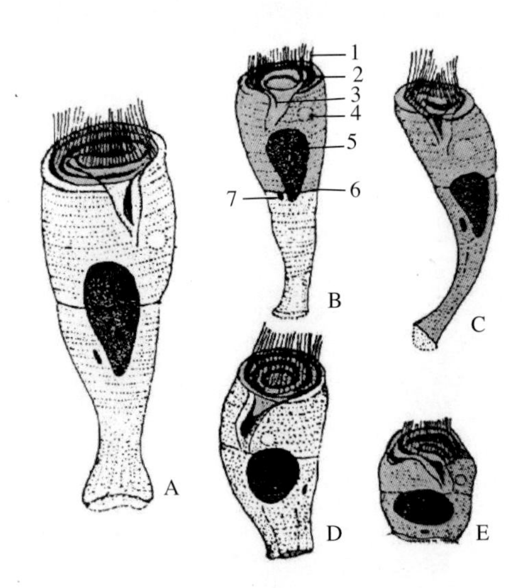

图4-8　杯体虫模式图

A ～ C. 筒形杯体虫（*A.cylindriformis*）　D. 变形杯体虫（*A.deformis*）　E. 卵形杯体虫（*A.ovoid*）

1. 口缘膜　2. 口沟　3. 波动膜　4. 伸缩泡　5. 大核　6. 横纤毛带　7. 小核

（引自《湖北省鱼病病原区系图志》）

殖，其无性生殖为纵二分裂，有性生殖行接合生殖。

二、流行情况

从感染规格看，杯体虫可侵染几乎所有规格的大口黑鲈，但主要危害苗种，尤其是对全长1.5 ~ 4.0cm的小规格苗种危害较大，而中成鱼一般感染数量不多，危害不大。

从发病季节看，杯体虫虽然全年均有检出，但以2—4月最为常见。

从发病特点看，水泥池、帆布池等小水体育苗，以及土塘鱼苗新下塘时，或连续阴雨天气，水质寡瘦时，容易出现杯体虫大量感染而导致鱼苗发病。

三、症状和病理变化

杯体虫少量寄生时，鱼体外表没有明显症状；大量寄生时，可见鱼苗特别是鳍条附有白色绒毛状物（图4-9）、摄食减少、反应迟钝、失去平衡、浮头并大口喘气，最终衰竭而死。

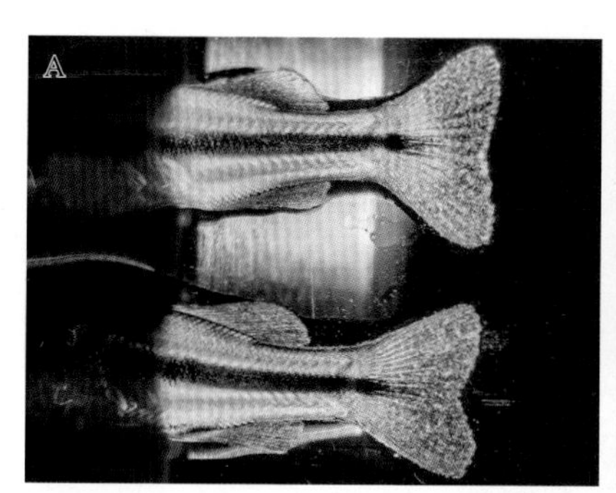

图4-9 苗种上的杯体虫

杯体虫对大口黑鲈并不直接造成病理上的损伤，但大量寄生时可刺激体表和鳃部分泌出大量的黏液，同时导致其鳃丝水肿充血，血窦数量明显增加，呼吸困难，影响摄食和消化。

四、诊断

小规格大口黑鲈苗种，疑似"熟身"，活力弱，但损耗率不大时，尤其强光下观察可见鳍条细小"闪光点"时，应特别注意。以实验室镜检为主，适量剪取病鱼鳍条、鳃丝等组织置于载玻片上制成水浸片于光学显微镜下镜检，观察到有大量的杯体虫即可确诊（图4-10）。

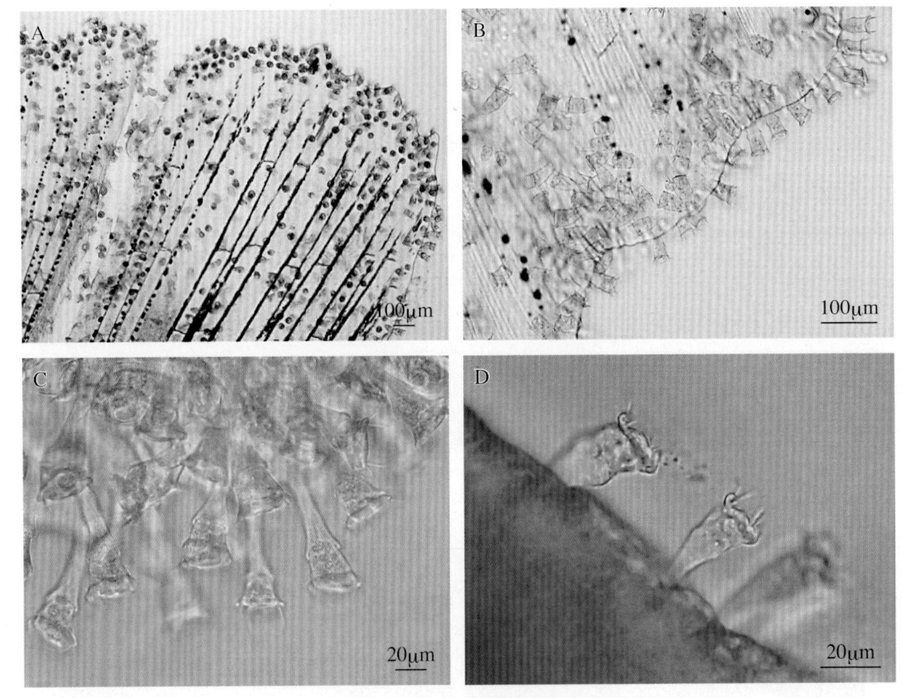

图4-10　大口黑鲈杯体虫形态

A ~ C. 鳍条　D. 鳃

五、防治

1. 预防措施

（1）预防该病的要点是减少养殖水体中的有机污物，放养前，对池塘进行清淤、消毒，养殖过程中，尤其是驯料期，适量投喂，避免沉饵。

（2）土塘育苗，尤其是阴雨天气时，适量补充水产专用无机肥，维持水体适宜的肥度。

（3）鱼种放养前，可用8 ~ 10mg/L硫酸铜或10 ~ 20mg/L高锰酸钾药浴10 ~ 30min，杀死或驱除鱼种上寄生的杯体虫。

2. 治疗措施

大口黑鲈暴发此病时，对于鱼体可用浓度0.5 ~ 1.0μg/L的新洁尔灭和5 ~ 10μg/L的高锰酸钾混合液，或0.7 ~ 1.0mg/L的硫酸铜和硫酸亚铁合剂（5 : 2），全池泼洒。或市场上专杀纤毛虫类的杀虫药，按说明书使用。如病情特别严重，要考虑适当增氧，再杀虫。

第四节　车轮虫病

一、病原

车轮虫为原生纤毛虫，分车轮虫和小车轮虫两大类，均隶属于纤毛纲(Ciliata)、缘毛目(Peritrichida)、车轮虫科(Triehodinidae)，寄生于各种淡水鱼及海水鱼体表、鳃等处。迄今已发现10属260多种，我国记录有5属近80种，能引起车轮虫病的有10多种，如显著车轮虫(*Trichodina nobillis*)、杜氏车轮虫(*T. domerguei*)、东方车轮虫(*T. orientalis*)、球形车轮虫(*T. bulbosa*)，而寄生于大口黑鲈的车轮虫种类有多种，但分类地位尚未见报道。

车轮虫大小约70μm，肉眼无法辨认，在显微镜下虫体侧面观如毡帽状，反面观圆碟形，有齿体排列成轮状的齿环，运动时如车轮转动样，故名车轮虫(图4-11、图4-12)。虫体隆起的一面为前面或称口面，凹入的一面为反口面。口面上有向左或逆时针方向螺旋状环绕的口沟，其末端通向胞口，口沟两侧各生一行纤毛。反口面具有齿轮状的齿环，在齿环的外面有一圈辐线环，辐线环之外有一圈薄而透明的膜称为缘膜，边缘有1圈较长的后纤毛带。在辐线环中部向体内凹入，形成附着盘。体内有一个马蹄形的大核，大核近旁有一个小核和伸缩泡，小核起繁殖作用，伸缩泡用于排泄代谢物。车轮虫可借助附着盘附着在鱼的鳃丝或皮肤上，并来回滑动，有时用于离开宿主在水中游泳。车轮虫以二分裂或有性接合生殖的方式进行繁殖。

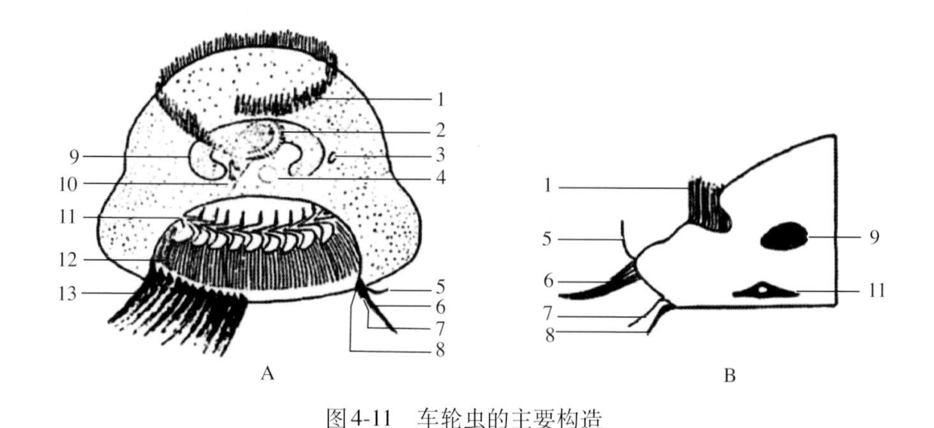

图4-11　车轮虫的主要构造

A.侧面观（模式图）　B.纵切面观（半模式，只表示纵切面的1/2）
1.口沟　2.胞口　3.小核　4.伸缩炮　5.上缘纤毛　6.后纤毛带　7.下缘纤毛　8.缘膜
9.大核　10.胞咽　11.齿环　12.辐线　13.后纤毛带
（引自湖北省水生生物研究所，1973）

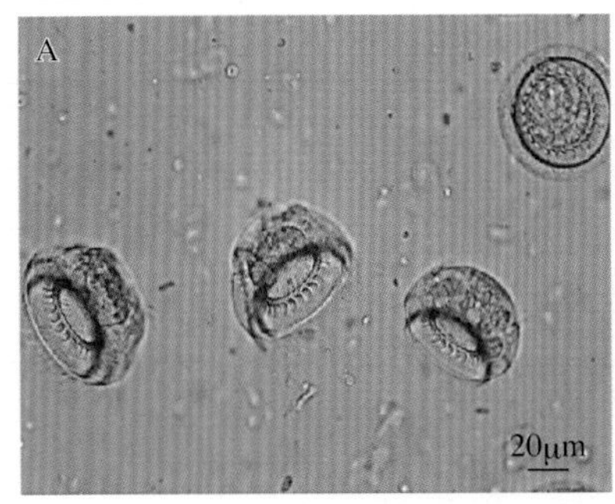

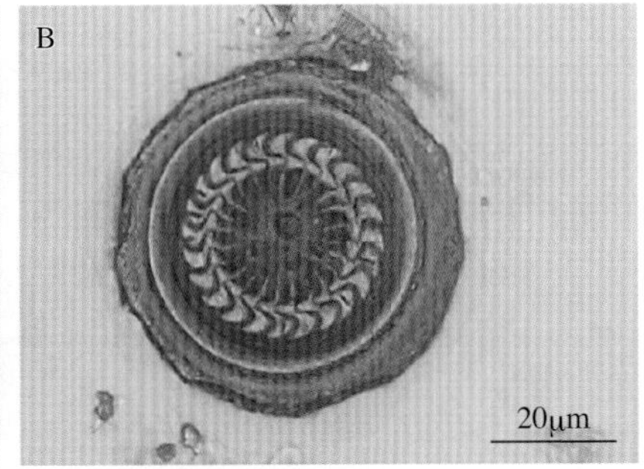

图4-12　大口黑鲈上的车轮虫形态

A.显微镜图　B.反口面

二、流行情况

车轮虫广泛存在于自然水体中，能离开宿主在水中自由生活1 ~ 2d，可直接侵袭新寄主，或随水流传播到其他水体，水体中的其他物种，如蝌蚪、水生甲壳动物、螺类和水生昆虫也可成为临时携带者。大口黑鲈养殖过程中各个规格的鱼体均可感染车轮虫，其中对鱼苗和鱼种危害最为严重，严重感染时可导致鱼苗和鱼种感染后易出现大批死亡，对中成鱼危害较小，但可易继发细菌感染或加重其他病情。全年均可发现感染，但以春、秋为流行盛季，尤其连续阴雨天气最容易引起车轮虫病的暴发。其适宜水温为20 ~ 28℃。在大口黑鲈养殖中，一般在水质较差、有机质含量较高且放养密度较大的情况下暴发，特别在苗种培育阶段，要特别注意车轮虫病的暴发。

三、症状和病理情况

车轮虫以其特有的“车轮”状齿环的不断转动来磨损鱼的皮肤和鳃组织，然后吞食其细胞碎屑或血细胞，可造成上皮细胞的损伤、增生，甚至坏死，黏液增多，易黏附污物，阻碍鱼的呼吸，继而引起呼吸困难、鱼体消瘦，最终衰弱而死。

对于鱼苗和鱼种，尤其是全长5cm以内的小规格鱼苗，车轮虫主要寄生于体表、鳍条等处，少量寄生时症状不明显，大量寄生时鱼苗体色暗淡，失去光泽，体色偏白，似“熟身”，且游泳能力下降，反应迟钝，常沿池塘边巡游，摄食变差甚至闭口。如处理不及时，或遇阴雨天气等溶解氧下降，鱼苗将出现重大损耗。

对于中成鱼和鱼种，车轮虫主要寄生于鳃部，偶尔体表也可检出。当少量车轮虫寄生于鳃部和体表时，一般认为危害不大；但当大量车轮虫寄生于鳃部

时，也会阻碍鱼的呼吸，影响摄食和消化，导致鱼体消瘦、营养不良，继而诱发诺卡氏菌感染或加重虹彩病毒病情等，增大治疗难度和损耗；当车轮虫感染特别严重时，也会导致大口黑鲈中成鱼出现持续性死鱼现象。

四、诊断

取病鱼的适量鳃丝、鳍条、体表黏液等，制成涂片或水浸片，在普通光学显微镜下仔细观察，见虫体即可诊断。车轮虫虫体侧面呈帽状，反面见为车轮状，运动时如车轮旋转。在一个低倍显微镜（10×）视野内如果有50多个寄生数量（图4-13），可视为严重感染，如不及时处理将很快导致鱼死亡。

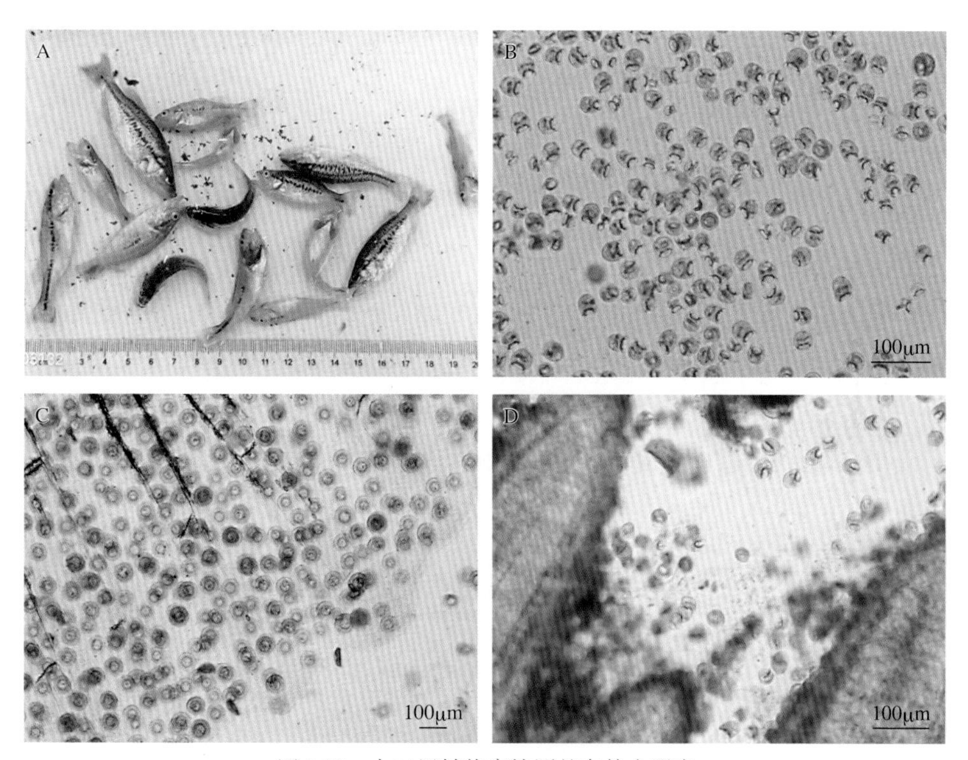

图4-13　大口黑鲈临床检测的车轮虫形态

A.苗种病鱼　B.黏液　C.胸鳍　D.鳃

需要特别指出，对于全长5cm以内的小规格鱼苗，车轮虫主要寄生于鳍条和体表，而寄生于鳃丝的虫体数量不多，在镜检时务必也要取鳍条、体表制成水浸片仔细观察，以免漏诊。

此外，车轮虫和柱状黄杆菌、虹彩病毒等混合感染十分常见，在诊断时，需全面诊断，综合评估。

五、防治

1.预防措施

（1）放苗前，鱼塘应彻底清塘清淤，暴晒数日，并用生石灰全池泼洒消毒。

（2）鱼苗下塘前，可用3%～5%食盐水或8mg/L硫酸铜浸泡15～20min进行消毒。

（3）勤换水，适当投喂，保持水质优良，及时分苗，避免饲养密度过大。

（4）对于鱼苗池，可以投放适量苦楝树枝叶，有一定的预防效果。

（5）苗种培育期，要加强日常巡池和鱼病监测工作，小规格苗种应每3d左右检测一次寄生虫，早发现、早处理。

2.治疗方法

（1）少量感染时，可使用苦参碱、苦楝树等中药驱除。

（2）全池泼洒硫酸铜和硫酸亚铁合剂，浓度为1mg/L。

（3）市场上针对车轮虫类专用药，具体用法用量遵循厂家建议。

需要特别指出，车轮虫与指环虫、柱状黄杆菌、虹彩病毒等混合感染十分常见，在处理前，需要全面检测，准确诊断，综合评估，并结合病情、症状、损耗数量以及天气情况等，制订科学的杀虫方案。此外，对于小规格苗种，其对药物的耐受度较差，在杀虫前务必先咨询专业渔医，确认安全再用，杀虫第3天务必复检，有虫再次杀虫。

第五节　毛管虫病

一、病原

毛管虫（*Trichophrya* spp.）为一类原生动物纤毛虫，隶属于吸管目（Suctorida）、枝管科（Dendrosomidae）、管虫属（*Trichophrya*）。我国文献已记载的有中华毛管虫（*T. sinensis*）、辽河毛管虫（*T. liaohoensis*）、湖北毛管虫（*T. hupehensis*）、变异毛管虫（*T. variformis*）、双泡毛管虫（*T. bivacuola*）等。

该属虫体没有一定的形状，可呈长形、卵形、圆形或不规则形，大小变化也很大，为（31～81）μm×（15～56）μm。通常身体一端具有1束放射状的吸管，部分种类具多束吸管，吸管末端膨大成球棒状。体内具1个棒状或香肠状大核，内有核内体，大核之侧具1个小核，体内还有3～5个伸缩泡及食

物粒。有的前端有1簇吸管，称中华毛管虫；有的在虫体上有2～3簇吸管，或遍布全身，如湖北毛管虫。吸管为中空小管，末端为球形膨大；吸管的数目随个体大小而不同，虫体小，吸管数少。

繁殖方式为出芽生殖，由母体前部的细胞质形成裂缝，后逐渐发展成一圆形小芽，并逐渐长出2～3圈纤毛，称为胚芽（图4-14）。小核先进行有丝分裂，随后大核也开始分裂，然后核质流向还在发育的胚芽。胚芽在母体上慢慢转动，最后胚芽与母体脱离，成为自由活动的纤毛幼虫。幼虫侧面观似小碟，正面观圆形，中间凹入，似表面玻璃，当遇到宿主时，纤毛消失，长出吸管，发育为成虫，营固着生活。接合生殖的情况偶然可见。

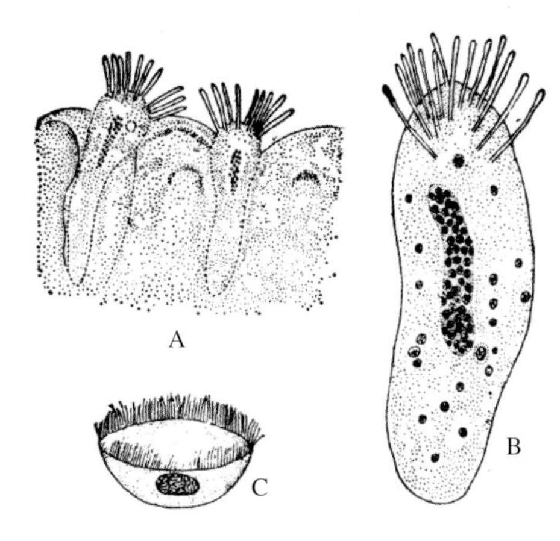

图4-14 毛管虫模式图

A.活体，寄生于鳃丝 B.成虫 C.幼虫侧面观
（仿陈启鎏）

二、流行情况

毛管虫病的病原一年四季均有发现，全国各养鱼地区都有发生，流行于5—10月；一般感染率和感染强度都不高，对鱼危害不大，但鱼苗和鱼种出现大量寄生时，可引起病鱼死亡。

毛管虫寄生在大口黑鲈、草鱼、青鱼、鲢、团头鲂以及鳜等多种淡水鱼的鳃上，靠自由游泳的纤毛幼虫传播。此纤毛幼虫能在水中生活较长时间，可随水流或其他的媒介传播到另外的水体，再感染其他鱼类。

三、症状和病理变化

毛管虫主要寄生于鳃部，少量感染时或早期病鱼无明显症状。当大量寄生时，病鱼游动缓慢，鳃丝黏液增多，呼吸困难而死亡。虫体大量吸附在鳃小片上，可破坏鱼的鳃上皮细胞，妨碍宿主的呼吸，使得鱼缺氧，上浮水面。

四、诊断

毛管虫病没有特殊症状，虫体又较小，临床诊断以镜检为主。剪取病鱼的适量鳃丝，置于载玻片上，滴入蒸馏水，盖上盖玻片，显微镜下仔细观察，见大量毛管虫可确诊。通常虫体在鳃丝缝隙里，吸管的一端露在外面，被寄生的鱼的鱼鳃形成凹陷的病灶（图4-15）。少量虫体寄生不会引起病鱼死亡，如发现鱼类死亡，应注意检查其他病因。

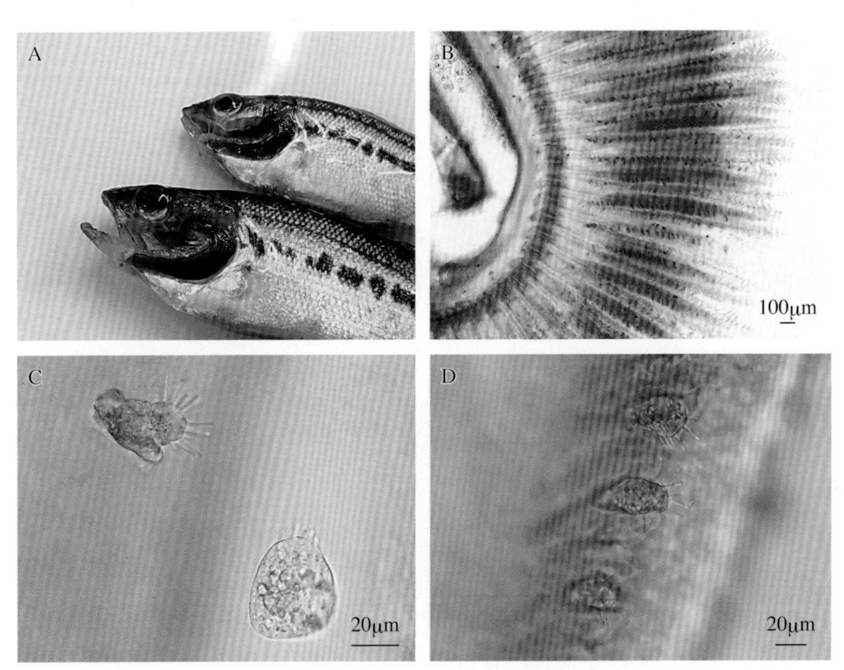

图4-15　大口黑鲈毛管虫感染形态

A. 大量感染后鱼鳃暗红　B ~ D. 鳃部的虫体形态

五、防治措施

1. 预防措施

（1）彻底清塘，定期消毒，清除池底过多淤泥。

（2）加强饲养管理，保持优良水质，提高鱼体抵抗力。

（3）鱼种放养前，可用硫酸铜（8 ~ 10mg/L）或高锰酸钾（10 ~ 20mg/L）进行药浴消毒10 ~ 30min。

2. 治疗措施

全池遍洒硫酸锌，或硫酸铜，或硫酸铜和硫酸亚铁合剂，浓度为0.5 ~ 0.7mg/L。

第六节　斜管虫病

一、病原

斜管虫（*Chilodonella* spp.）是一类原生动物纤毛虫，属于管口目（Cyrtophorida）、斜管科（Chilodonellidae）、斜管虫属（*Chilodonella*）。目前，该属在国内报道寄生于淡水鱼类的主要有3种：鲤斜管虫（*C.cyprini*）、钩刺斜管虫（*C.uncineta*）与十六线斜管虫（*C.hexasticha*），3种斜管虫伸缩泡和细胞核的个数、位置均相同，主要区别就是它们的个体大小和体周纤毛的数量不同。3种斜管虫的形态比较见表4-1。目前，大口黑鲈上的斜管虫尚未定种。

表4–1　3种斜管虫的形态特点

（引自顾中华，2016）

种名	长/宽（μm）	伸缩泡（个）	细胞核（个）	体周纤毛数（个）
鲤斜管虫	42～58/26～44	2（一前一后）	2	14～20
钩刺斜管虫	18～25（长）	2（一前一后）	2	10～11
十六线斜管虫	61～92/54～78	2（一前一后）	2	11～17

以国内最常见的鲤斜管虫为例，该类虫活体呈豆形或卵圆形，侧面观背面隆起，腹面平坦，虫体腹面观呈卵圆形，后端稍凹入。鲤斜管虫大小为(40 ~ 60) μm×（25 ~ 47）μm，腹面左纤毛列一般为9条，右侧7条，背面仅前端左角有一行特别粗的刚毛，余者无纤毛。胞口位于腹面前端，具漏斗状口管，末端紧缩成一条延长的粗线，向左边做螺旋状绕一圈，为胞咽。体后侧有一圆形大核，小核球形，在大核边或后。伸缩泡1对，斜列于两侧（图4-16）。

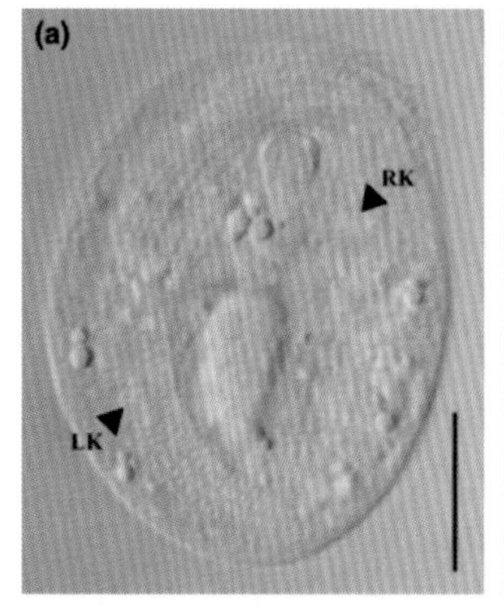

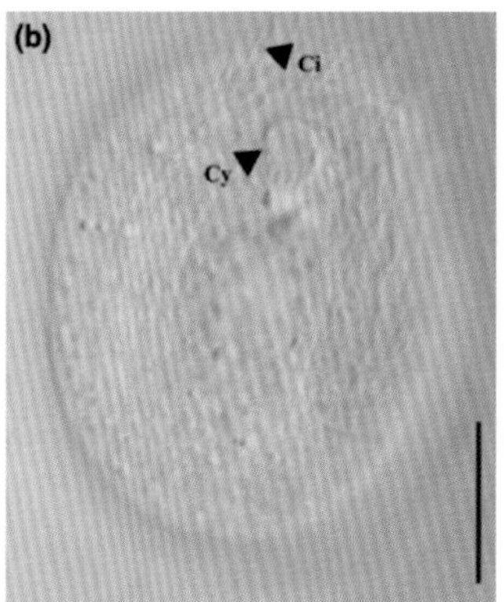

图4-16　斜管虫的形态

LK.左侧动力学带　RK.右动能带　Ci.纤毛　Cy.胞口

（引自Bastos，2016）

斜管虫无性繁殖为横二分裂，有性繁殖为接合生殖。其在无性繁殖过程中的变化，根据形态可分成7期。第1期虫体增大，前后拉长，达营养期最大体积。第2期左纤毛列在中间偏后处同时断裂，大核拉长，核质疏松。第3期虫体有纤毛列在中间由内向外逐渐断裂。大核进一步拉长。小核呈哑铃状。第4期后仔虫左纤毛列向右发生旋转，大核在中间凹陷，小核进一步拉开。第5期左右纤毛列完全分开，短基粒列移到后仔虫右外侧，几乎与右纤毛列平行，大核进一步凹陷。第6期前后仔虫分开，相互间发生180°扭转，两虫体间仅以短基粒相连。第7期前后仔虫完全分开，短基粒列成为后仔虫的背刚毛，两个新个体形成。

斜管虫离开鱼体后在水中可自由存活1～2d，在此期间也可以转移到其他鱼体或水体中，如果遇到不良环境时自身就会产生包囊，待时机成熟后又复苏，以直接接触或包囊传播的方式侵染寄主。

二、流行情况

斜管虫的最适繁殖温度12～16℃，可侵染各种规格的大口黑鲈，主要有2个流行期：春季和秋季，在广东地区冬季也十分常见。斜管虫对鱼苗的危害很大，侵染鱼体后2～3d就可布满病鱼皮肤、鳍和鳃丝间，导致鱼苗大批死亡。在秋季，斜管虫感染大口黑鲈中成鱼也十分常见，尽管一般不会直接导致大量死鱼，但其大量寄生于鳃部，会诱发烂鳃，或加重诺卡氏菌病的病情，增加损耗。

三、症状和病理变化

大口黑鲈感染斜管虫病后，发病初期，体表无明显症状，少数病鱼浮头，伴有食欲减退、反应迟钝和呼吸困难等。当其大量寄生时，刺激宿主分泌大量黏液，从而使鱼的表皮形成黏液层，黏液层常呈苍白色或淡蓝色。病鱼体色发黑、消瘦，嘴巴张开，不能闭合，溜边侧游。当水体环境恶劣时病情发展迅速，2～3d内就会导致大量大口黑鲈发病及死亡。

四、诊断

临床诊断多为肉眼和实验室镜检，也可通过电镜切片进一步判断病原。刮取病鱼体表、鳍条、鳃上少量黏液，或取鱼苗种鳃丝、鳃片少许，置于载玻片上，滴入蒸馏水，盖上盖玻片，放在5～10倍的显微镜下观察。如发现虫体，且数量较多，即可诊断为该寄生虫病（图4-17）。

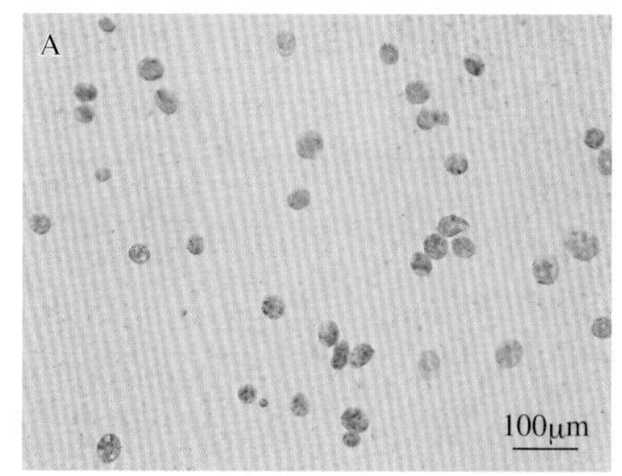

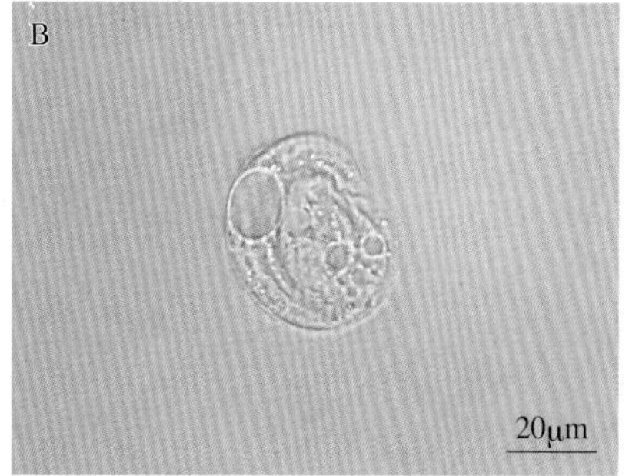

图4-17　大口黑鲈斜管虫

五、防治

1.预防措施

（1）购买苗种前，对苗种进行检测，勿采购携带病原的苗种。

（2）育苗过程中，尤其是低温阴雨天气，适当使用水产专用微肥等调节水质，提高水体稳定性，维持水体适宜的肥度，确保溶解氧含量充足。

（3）在流行季节，勤巡塘、勤镜检，早发现、早处理。

2.治疗措施

对于工厂化育苗等小水体养殖，可用8mg/L的硫酸铜溶液或20mg/L高锰酸钾溶液浸洗病鱼；对于土塘养殖，可用0.7mg/L的硫酸铜溶液或硫酸铜和硫酸亚铁合剂泼洒全池。同时，也可以使用浓度为0.15mg/L的苦参液对病原体进行控制。

第七节　累枝虫病

一、病原

累枝虫（*Epistylis* spp.）是一类固着类纤毛虫，属于寡膜纲（Oligohymenophorea）、缘毛亚纲（Peritrichia）、缘毛目（Peritrichida）、累枝科（Epistylididae）、累枝虫属（*Epistylis*），多寄生于体表，造成病鱼体侧的浅表性溃疡。累枝虫种类构成复杂，已命名的种类超过80种，但鉴定存在一定混乱，大口黑鲈感染的种类尚未见报道。

累枝虫大小为（80～200）μm×（30～70）μm，虫体为群体生活，具有相互连接的柄，柄内无肌丝（图4-18）。头部的顶部是口，周围有许多细小的纤毛，它们可使周围的水中形成漩涡，将食物颗粒冲进嘴里。其体表有排列整齐的一环环突起的带纹，大核呈带状、弯曲、横位，位于虫体前半部，虫体内还充满大小不等的食物泡。通常无大小个体分化，多为钟状、高钟状或圆锥状，收缩时多呈球状。所有个体均可形成游泳体，繁殖时虫体缩短变宽，口围盘收缩后虫体沿中线纵裂一分为二，形成两个新的累枝虫个体。

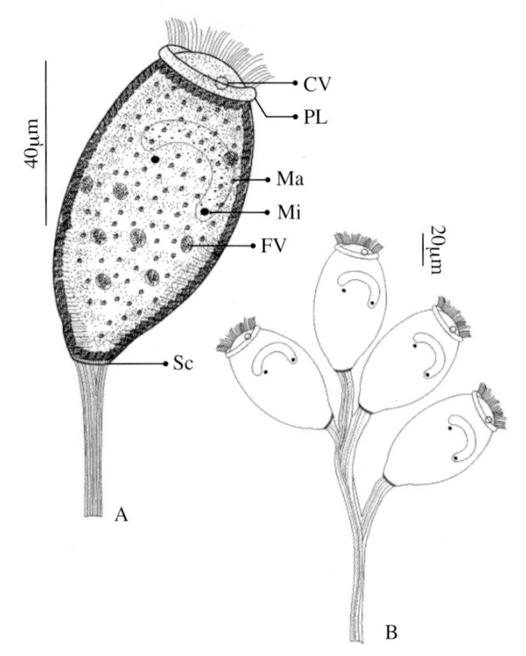

图4-18　累枝虫模式图

A.个体模式图　B.群体模式图　CV.伸缩泡　FV.食物泡
Ma.大核　Mi.小核；PL.口围盘　Sc.毛纵

二、流行情况

累枝虫靠端毛轮虫游泳体传播，呈水平性传播。在全国各地一年四季都有发生，在大口黑鲈养殖中以5—10月流行最广，常见于网箱养殖的中成鱼。当池塘水体有机质含量高时也会发病。

三、症状和病理变化

累枝虫的虫体主要寄生于大口黑鲈的体表，少量寄生时，宿主没有明显症状；随着生长逐渐繁殖成为群体，会在病灶处有许多绒毛状物，手摸触有滑腻感，与此同时大口黑鲈会表现出停止摄食、呼吸困难和游动缓慢。

患病初期表现出累枝虫附着处有轻微炎症，随着病情发展，病灶处表现出周围组织的坏死腐烂（图4-19）。当水质恶化、有机质含量高，形成大量寄生时，就易引起继发性细菌病，继而引起持续性死亡。

图4-19 病鱼体表出现溃烂

四、诊断

当大口黑鲈出现摄食变差，体侧出现斑块状浅表性溃疡，病灶处鳞片松动、掉落，有许多绒毛状物。取其病灶处鳞片及绒毛状物，制成水浸片镜检，见大量累枝虫虫体，即可确诊（图4-20）。

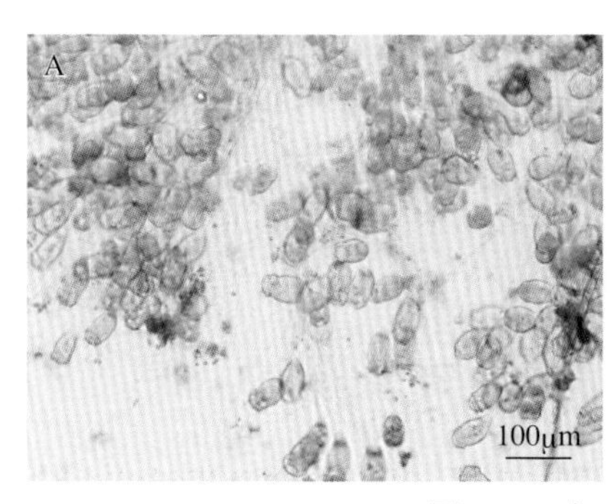

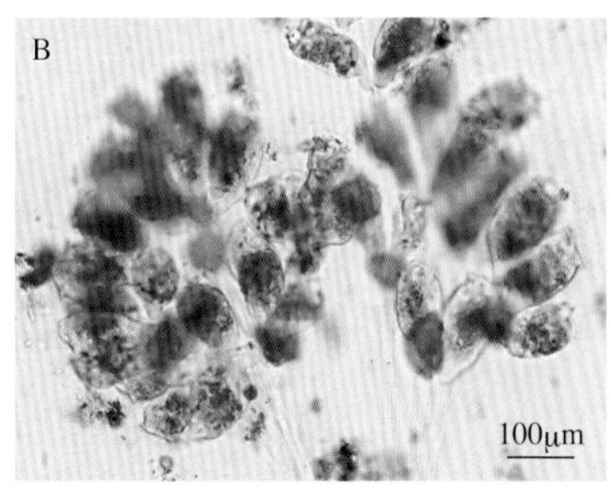

图4-20 大口黑鲈累枝虫

五、防治

1.预防措施

（1）网箱养殖，注意定期清洗网箱，勿使网箱黏附大量有机物；土塘养殖，灵活使用藻类微肥等，调肥水质，确保水体溶解氧充足，勿使水质寡瘦。

(2) 养殖过程中，每天巡塘，早发现、早处理。

2.治疗措施

用0.7 ~ 1mg/L的硫酸铜和硫酸亚铁合剂（5 ： 2），或用5 ~ 10mL/L的戊二醛，全池泼洒。

第八节　小瓜虫病

一、病原

多子小瓜虫（*Ichthyophthirius multifiliis*）是一种寄生纤毛虫，属膜口目（Hymenostomatida）、凹口科（Ophryoglenidae）、小瓜虫属（*Ichthyophthirius*），寄生于淡水鱼类的体表、鳃和鳍条等处，形成一个个小白点，俗称“白点病”。

多子小瓜虫无须中间宿主，整个生活史可分为3个时期：滋养体期、包囊期和掠食体期（幼虫期）。滋养体呈卵圆形或球形，成熟体大小为0.4 ~ 0.8mm，肉眼可见，在宿主体表上皮组织内寄生，并不断旋转，吞食组织碎片和组织液、血液等，成熟后脱离宿主进入水体底部，分泌一层透明薄膜，形成包囊；包囊内经过数十次分裂可形成数百个掠食体，掠食体（幼虫）体长约50μm，呈梨形，体表布满均匀的纤毛，掠食体逸出后感染宿主，从而进入下一个生活周期（图4-21）。多子小瓜虫完成其生活史所需时间随水温的变化而不同，在24℃时，生活史为4d，15℃时为10d，10℃以下，往往需要1个月以上。

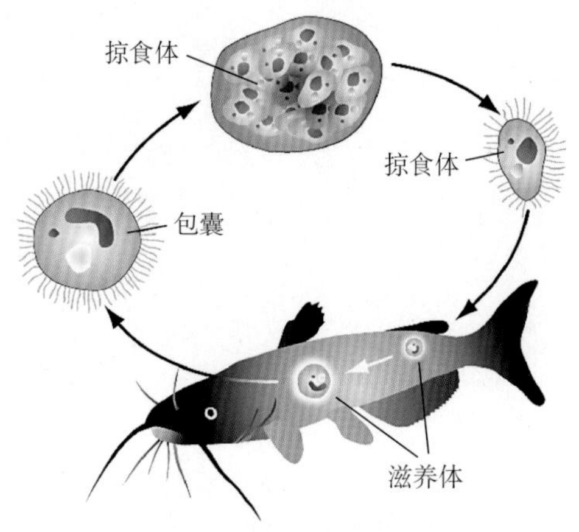

图4-21　多子小瓜虫的生活史

（引自Coyne et al.，2011）

掠食体穿透表面黏液，在易感鱼的上皮细胞内居住；掠食体分化为滋养体（图4-22），滋养体在4 ~ 7d内生长并离开宿主（作为包囊）；包囊以横裂的方式繁殖，在室温下18 ~ 24h内分化成具有传染性的掠食体。未能感染鱼类的掠食体在1 ~ 2d内死亡。

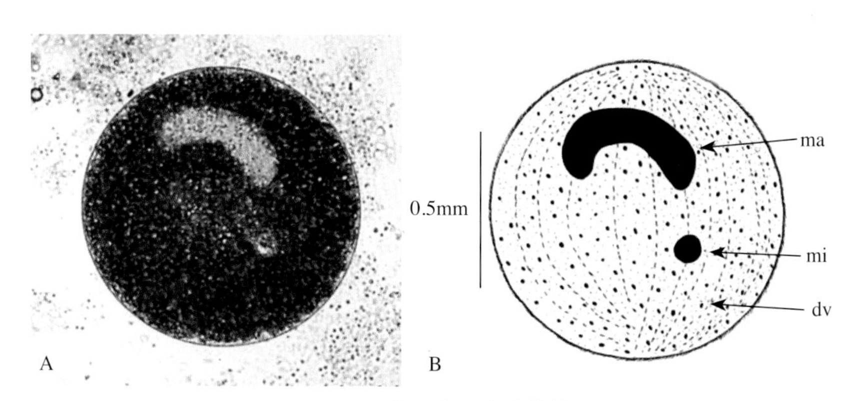

图4-22 多子小瓜虫滋养体

A.显微镜图 B.模式图

ma.胞口 mi.小核 dv.伸缩泡

二、流行情况

多子小瓜虫是世界范围内广泛流行的淡水鱼寄生虫，对宿主无选择性，各种淡水鱼、洄游性鱼类、观赏鱼类均可被其寄生。其繁殖适温为15 ~ 25℃，通常在20 ~ 25℃最易暴发此病，水温高于30℃时不会发生小瓜虫病。本病主要流行于春、秋季节，可感染各种规格的大口黑鲈，但主要危害鱼苗和苗种，发病后若不及时治疗，2 ~ 3d可遍及全池，导致鱼体消瘦甚至死亡，室内水体小、密度大的培育池较为常见，成鱼养殖阶段不常见。

三、症状和病理变化

多子小瓜虫是一种个体比较大，肉眼能见的原生动物纤毛虫，在病鱼体表可形成大量肉眼可见的白点。大口黑鲈大量感染小瓜虫后，游动迟钝，鱼体消瘦，浮于水面，呼吸困难，陆续有死亡；严重时，常浮于水面，受惊吓也不下沉水底，严重时甚至导致苗种大量死亡。

其主要病理变化在皮肤和鳃上，由于虫体侵入鱼的皮肤和鳃的表皮组织，引起宿主病灶部位组织增生，并分泌大量黏液，形成一层黏膜覆盖在病灶表面。小瓜虫寄生于鳃部时，会致使鳃小片变形，导致毛细血管充血、渗出，之后呼吸上皮细胞肿胀、坏死，血液中血红蛋白水平降低，从而影响到鱼体的呼吸。虫体若侵入眼角膜，可引起发炎、瞎眼，若寄生于鳍条，可导致鳍条腐烂等。

四、诊断

大口黑鲈小瓜虫病主要发生于低水温期，患病鱼体表、鳃丝等处会出现小白点，这是小瓜虫病的最明显症状。因此，对于具备发病条件（水温低于28℃）和疑似症状（体表、鳃丝等处有小白点）的病鱼，刮取其鳃丝、体表等白点处的组织、黏液，制成水浸片镜检，可见小瓜虫虫体（图4-23），球形滋养体不做放置运动，细胞质中可见马蹄形的细胞核，即可确诊。

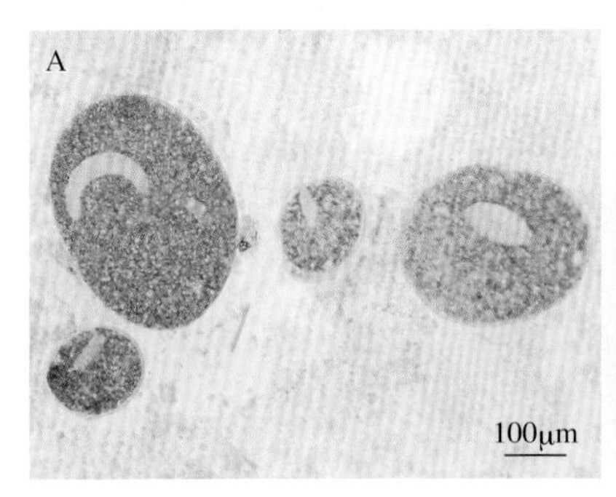

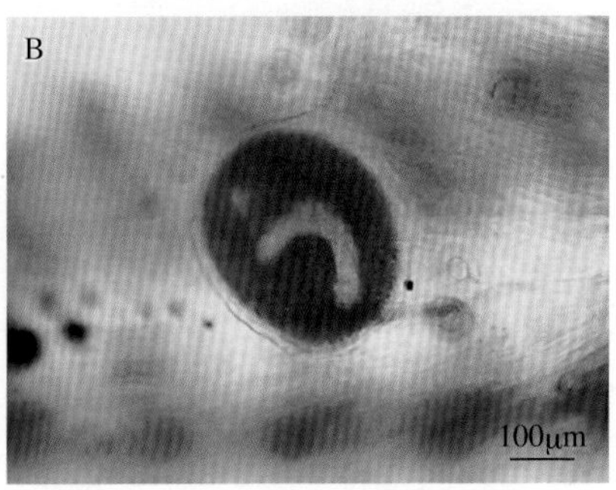

图4-23　大口黑鲈多子小瓜虫

A.黏液　B.鳍条

五、防治

1.预防措施

（1）在饲养前鱼塘要彻底清塘清淤，水泥池、帆布池等池壁底要进行洗刷，并用生石灰或漂白粉进行消毒。

（2）检查放养鱼苗是否具有产地检疫合格证，产地是否发生过小瓜虫病。

（3）有条件控温的鱼苗场，将水温控制25℃以上，可减少本病发生。

（4）育苗用具常用戊二醛或高锰酸钾等进行消毒，并做到专池专用。

2.治疗措施

（1）有条件控温的，将水温提高至30℃左右，可有效抑制小瓜虫的繁殖，控制病情。

（2）可将青蒿提取物等向水体泼洒，有一定的驱虫作用。

（3）调肥水质，提高水体溶解氧含量，也有利于缓解病情。

第九节 指环虫病

一、病原

指环虫（*Dactylogyrus* spp.）隶属吸虫纲（Trematoda）、单殖亚纲（Monogenea）、指环虫科（Dactylogyridae）、指环虫属（*Dactylogyrus*），寄生于各种淡水鱼类的鳃部。指环虫属的种类众多，我国已发现有400多种，常见种类有小鞘指环虫（*D.vaginulatus*）、页形指环虫（*D.lamellatus*）、鳙指环虫（*D.aristichthys*）、坏鳃指环虫（*D.vastator*）、鲈指环虫（*D.kikuchii*）。大口黑鲈指环虫种类尚未鉴定。

指环虫不同发育阶段见图4-24。

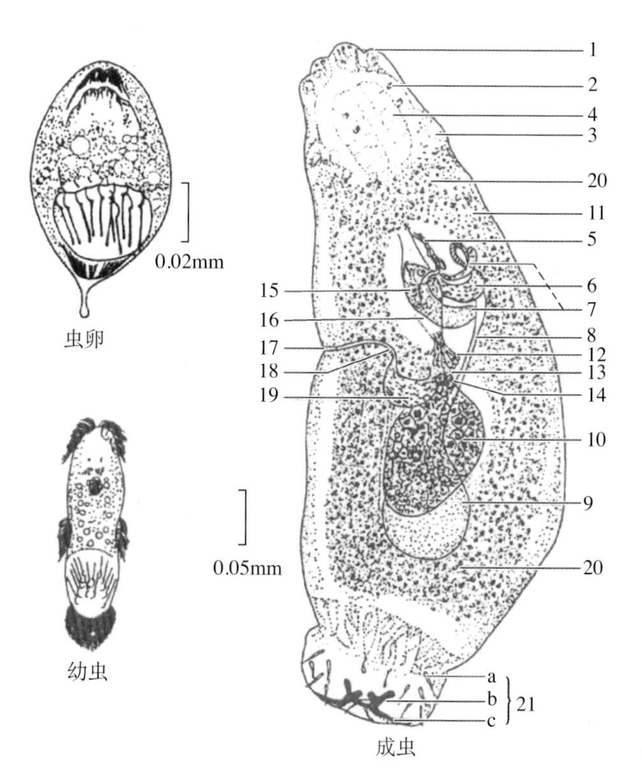

图4-24 指环虫的虫卵、幼虫与成虫

1.头器 2.眼点 3.头腺 4.咽 5.交接器 6.储精囊 7.前列腺 8.输精管 9.睾丸 10.卵巢 11.卵黄腺 12.梅氏腺 13.卵膜 14.输卵管 15.子宫内成熟的卵 16.子宫 17.阴道孔 18.阴道管 19.受精囊 20.肠支 21.后吸器（a.边缘小钩 b.联结片 c.中央大钩）

（引自杨先乐等，2018）

指环虫为小型单殖吸虫，成虫虫体扁平，通常为长圆形，体长一般小于2mm，呈乳白色。运动时动作像尺蠖，肉眼可见其伸缩蠕动。身体前端有1～3个瓣状的头器，头部前端背面有2对黑色的眼点，呈方形排列。在体后端腹面有一个圆形的后吸器，具7对边缘小钩，1对中央大钩，在两大钩之间有1～2条联结片相连，又称背联结片和腹联结片，有时在中央大钩上还有附加片。

指环虫为卵生，生活史简单，不需要中间宿主。其为雌雄同体，有1个精巢和1个卵巢，卵较大，但数量少，通常位于子宫中央，在温暖季节能够不断地产卵和孵化。虫卵呈卵圆形，末端有柄状极丝，柄末端呈球状。受精卵自虫体排出后，浮于水面或附着在其他物体或宿主鳃上、皮肤上。卵经一段时间（约7d）发育后，幼虫自卵孵出。幼虫身上有纤毛5簇，具4个眼点和小钩。在水中游泳，遇到适合的宿主时就附着上去，脱去纤毛，发育成为成虫(图4-25)。

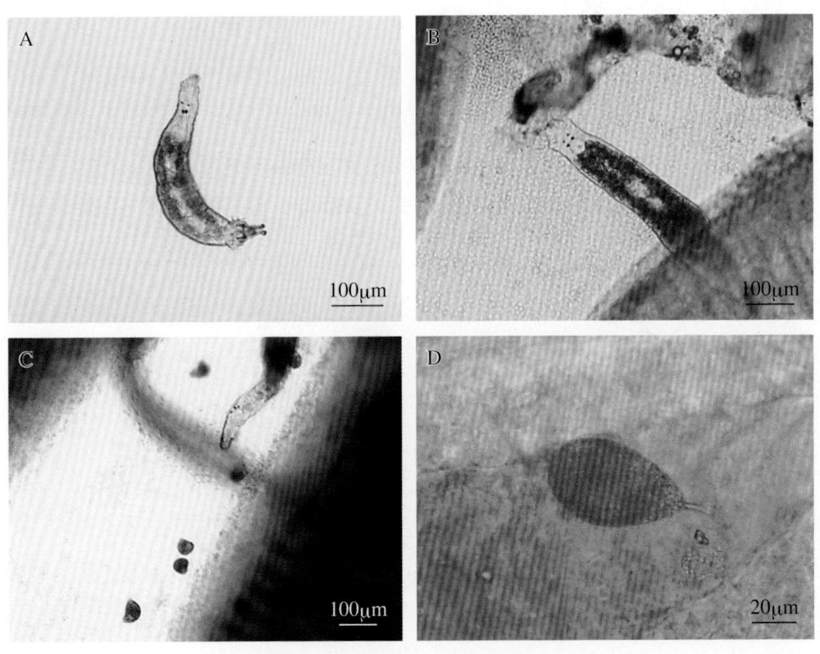

图4-25 显微镜下指环虫形态

A、B.成虫 C.成虫与虫卵 D.虫卵

二、流行情况

从发病规格看，几乎所有规格的大口黑鲈均会感染，尤其是朝苗阶段发病

率很高，且危害较大，可导致鱼苗闭口，甚至出现直接死亡。

从发病季节看，珠三角地区几乎全年均可发现虫体，以4—6月最为流行，尤其是暴雨或持续阴雨后，指环虫的感染发病率较高。

从发病特点看，鱼苗和鱼种阶段，感染指环虫后，很容易继发感染柱状黄杆菌或爱德华氏菌而出现较大损耗。如果指环虫与大口黑鲈虹彩病毒混合发病，会严重加重病情，大大增加损耗。

三、病症和病理变化

少量指环虫感染时，病鱼一般无明显病症，摄食也基本正常；随着虫体的繁殖增多，摄食明显变差，部分病鱼体色偏黑，呼吸困难，游动缓慢，摄食少或不摄食，逐渐瘦弱，最终会因为呼吸困难或继发柱状黄杆菌感染出现烂鳃、白嘴白尾等而死亡。

因指环虫使用中央大钩刺入鱼的鳃丝组织，会使上皮糜烂和少量出血，边缘小钩会使上皮细胞撕裂，造成全鳃损伤和出血，组织病变坏死、萎缩和组织增生，病变性质和病情严重与指环虫寄生数量有关。

四、诊断

鱼苗和鱼种阶段，出现摄食变差，无症状死鱼，特别是有烂鳃现象时，或中成鱼阶段，摄食量下降，应检测寄生虫，特别关注指环虫。

在检测时，取适量鳃丝制成水浸片，置于普通光学显微镜下观察，低倍镜（4×）下每视野有5个以上虫体时可确定为指环虫病。虫体数为同一玻片3个视野的平均数。

五、防治方法

1.预防措施

（1）购买朝苗前，取样检测寄生虫，如发现指环虫，先杀虫再入塘。

（2）朝苗阶段，尤其雨季时，勤检查，每3 ~ 5d检测1次，早发现早处理。

2.治疗措施

10%甲苯咪唑溶液，按0.1 ~ 0.15mg/L全池泼洒，隔2 ~ 3d再泼1次。杀虫时需停料半天，并多开增氧机，确保水体溶解氧含量充足。

当指环虫与柱状黄杆菌、大口黑鲈虹彩病毒等混合感染时，需结合天气、水质、病情等，综合考虑，制订科学的治疗方案，具体请咨询专业渔医，勿盲目杀虫。

第十节　钩介幼虫病

一、病原

钩介幼虫（*Glochidium* sp.）是指软体动物门、双壳纲、双壳类软体动物的幼虫阶段，主要指珠蚌科（Unionidae）和珍珠螺科（Margaritiferidae）动物的幼虫。钩介幼虫可根据其表面壳钩形态大体分为无钩型、有钩型和斧头型。其大小、形状、壳表面的刻饰、壳钩的长短、棘刺的排列方式与幼虫丝的粗细和感觉毛的数量也可作为分类依据，但明确分类依然要根据成熟体。

钩介幼虫较小，常在100 ~ 200μm，通常壳长170 ~ 270μm、壳高180 ~ 320μm。钩介幼虫具双壳，可借助双壳的开闭而游泳。壳的游离端（侧缘）有钩与齿，两壳之间有发达的闭壳肌。贝壳上长着钩。腹部中央生有一条有黏性的细丝，称足丝。壳侧缘生有刚毛，有感觉作用。有口无肛门。钩介幼虫模式见图4-26。

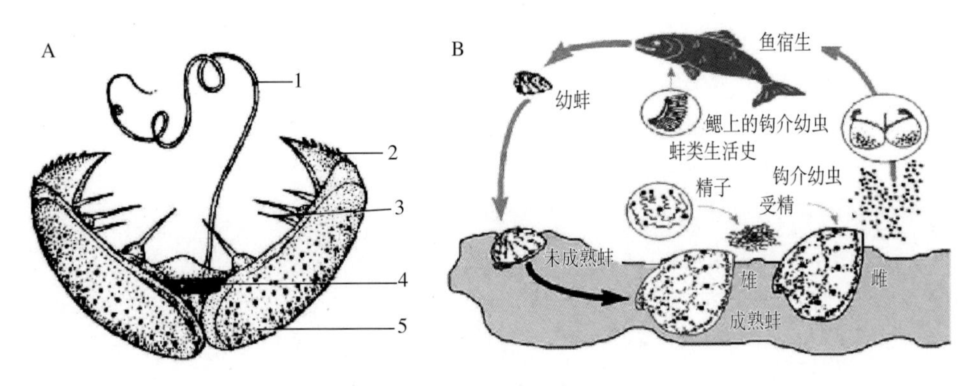

图4-26　钩介幼虫模式图（A）和生活史（B）

1.足丝　2.钩　3.刚毛　4.闭壳肌　5.壳

（引自《湖北省鱼病病原区系图志》）

雄蚌向水中排出精子，被雌蚌吸入鳃腔，与卵子结合。之后，受精卵孵化成钩介幼虫。钩介幼虫有两片小贝壳，贝壳边缘生有细小的齿钩，在身体当中还有一根细长的鞭毛。当有鱼类经过怀有钩介幼虫的雌蚌时，水流会刺激雌蚌把大量的钩介幼虫释放到水中。这些钩介幼虫会扇动贝壳游泳，用齿钩和鞭毛附着在鱼类的鳃丝上。附着的钩介幼虫会刺激鱼鳃组织增生，把自己包裹起

来，以便吸取鱼类的营养，过几天寄生生活后，发育成幼蚌，拱破包裹自己的组织，掉落到河底，开始滤食生活（图4-27）。这样，它们就可以被鱼类携带，播散到远方的水体中。一般来说，少量钩介幼虫不会给鱼类的成鱼体造成太大伤害。如果没有成功寄生在鱼鳃上，钩介幼虫会很快死去。

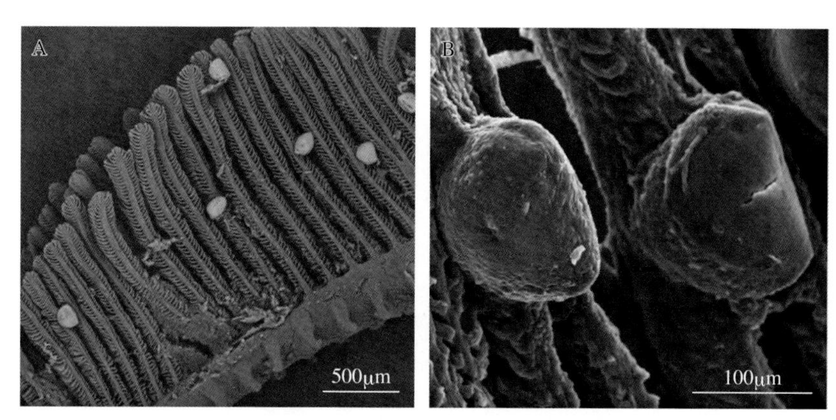

图4-27 寄生鳃上的钩介幼虫电镜图

A.刚刚附着在鳃丝上的钩介幼虫 B.被增生的组织包裹住的钩介幼虫

（引自 Joaquim et al., 2014）

二、流行情况

钩介幼虫主要危害5cm以下的大口黑鲈苗种，也偶见中成鱼感染大量钩介幼虫而发病死亡，在3—10月均可感染发病。钩介幼虫脱离母蚌，感染鱼类的高峰期为4—6月，特别是靠近湖区的养鱼场，常因此引发严重疾病，造成鱼类大量死亡。钩介幼虫在体外最长能存活1个月，在鱼体寄生的时间与水温有关，水温18 ～ 19℃时寄生6 ～ 18d。

三、症状和病理变化

钩介幼虫可寄生在大口黑鲈等鱼的体表、鳃或鳍上。遭到钩介幼虫寄生的鱼，寄生部位组织发炎增生，色素渐消退，并逐渐将幼虫包裹在里面，形成包囊，使微血管阻塞。如寄生在鱼的嘴角、口唇或口腔内，则使病鱼丧失摄食能力，从而萎瘪致死。病鱼头部往往充血，出现红头白嘴现象，因此被称为“红头白嘴病”。如寄生在鱼的鳃丝上，不仅会剥取鱼的营养，引起严重充血，同时还会妨碍鱼的呼吸，可引起病鱼窒息死亡。如寄生在鱼鳍上，位于鳍条基部的小红点常密集在一起，形成较大的包囊。如寄生在鱼皮肤上，则常出现如针孔般大小一致的小红点，红点表面略鼓起。

尽管在正常情况下，少量钩介幼虫寄生不会伤害鱼类，但过度暴露或大量寄生会严重影响宿主的呼吸能力等，这是因为被幼虫严重覆盖的组织最终会转化为瘢痕组织并失去功能。

四、诊断

小规格鱼苗，鱼体消瘦，反应迟钝，光照下体表有细小白点。将其处死后置于显微镜下观察，见钩介幼虫虫体皆可确诊；对于大规格鱼苗、鱼种及中成鱼等，剪取其鳃丝制成水浸片镜检，见大量钩介幼虫虫体即可确诊。

成熟的钩介幼虫在显微镜下观察，侧面观呈近似三角形或半椭圆形，褐色，半透明，左右两壳对称，背部由铰合韧带相连。各种视角下形态见图4-28。

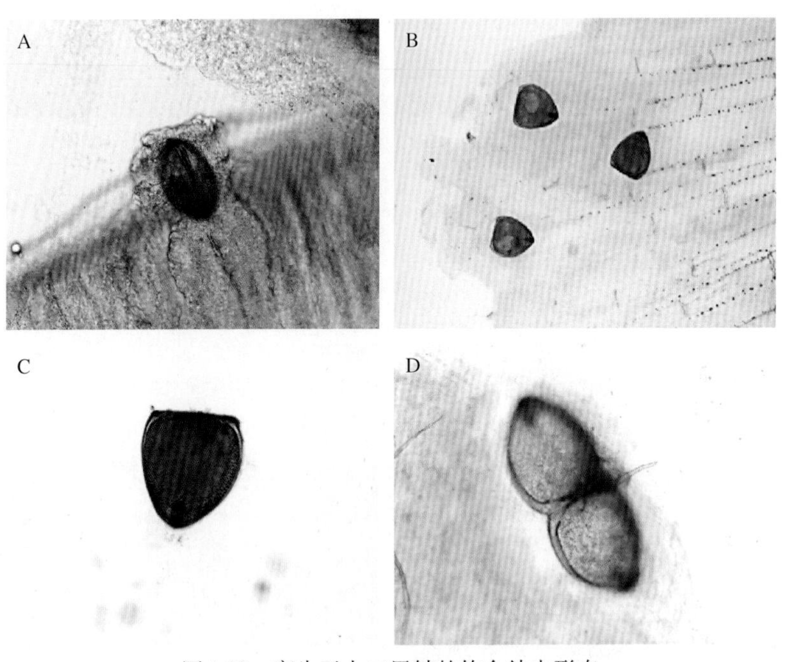

图4-28　寄生于大口黑鲈的钩介幼虫形态

A.寄生于鳃　B.寄生于鳍条　B.双壳闭合　D.双壳打开

五、防治

1.预防措施

(1) 放苗前一定要彻底清塘，用生石灰每亩70 ~ 75kg或茶粕每亩

40 ~ 50kg消毒，杀灭底泥中的河蚌。

(2) 加注新水时，使用60目或以上的密网过滤水源。

(3) 对于常发病的池塘，可投放一定数量的中华绒螯蟹（*Eriocheir sinensis*）、青鱼、鲤等对底栖软体动物（螺、蚌、蚬、蛤等）具有很强捕食能力的物种，进行生物控蚌。

2.治疗措施

对于已侵染鱼体的钩介幼虫，暂无有效药物可驱杀。可采取以下措施控制病情：

(1) 发病初期，可采用人工捕捞的方法除去水体中的河蚌，避免和减轻钩介幼虫继续感染。

(2) 当发现钩介幼虫大量寄生于鱼体时，适量投喂优质饲料，并拌喂复合维生素、免疫多糖等，以增强养殖鱼类的体质及抗病能力；必要时，可在饲料中加入抗菌类药物，以防继发细菌感染。

第十一节　锚头鳋病

一、病原学

锚头鳋（*Lernaea* spp.），属于甲壳动物亚门（Crustacea）、颚足纲（Maxillopoda）、剑水蚤目（Cyclopoida）、锚头鳋科（Lernaeidae）、锚头鳋属（*Lernaea*）。锚头鳋是一类主要营寄生生活的甲壳类动物，目前该属有记录的有30多种，在我国报道的10余种，危害较大的有3种：多态锚头鳋（*L. polymorpha*）、草鱼锚头鳋（*L. ctenopharyngodontis*）和鲤锚头鳋（*L. cyprinacea*）。大口黑鲈锚头鳋种类有待进一步鉴定。

常见鱼锚头鳋大小为6 ~ 12mm，体细如针，大体分为3个部分，头胸部分支且有1对或2对圆锥形角，颈部柔软，躯干部分有些膨大，笔直或弯成S形，腹部短且分为3段，末端有1对小而分叉的尾叉。第一触角3 ~ 4节，第二触角2 ~ 3节，有1对或2对小颚，大颚尖刺状无齿，具有3 ~ 5对游泳足。锚头鳋属的分类，主要依据是虫体形状尤其是头胸部角的形状，以及生殖节前突和游泳体的位置等。寄生在大口黑鲈身上的锚头鳋主要是鲤锚头鳋，其虫体细长，头胸部具背、腹角各1对。腹角细长，末端不分支，生殖节前突一般较小（图4-29）。

锚头鳋成长中需要多次蜕皮，雌性锚头鳋在成熟后向外排出卵囊，在水中

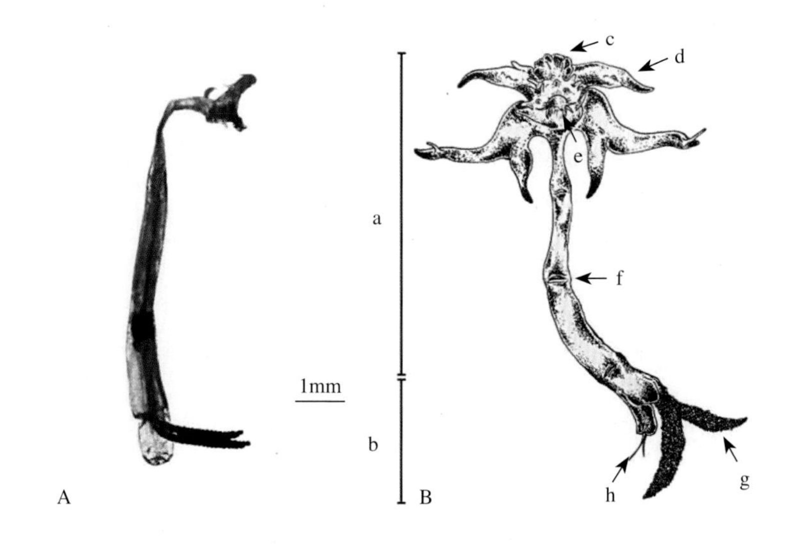

图4-29　雌性锚头鳋的形态

A.实物图　B.模式图　c.触角　d.锚　e.腹侧锚　f.上颌骨　g.卵黄囊　h.尾足

（引自 Firman Muhammad Nur，2022）

孵化成为无节幼体，经4次蜕皮后成为第五无节幼体，再次蜕皮成为第一桡足幼体，并再经4次蜕皮才能成为第五桡足幼体。锚头鳋在第五桡足幼体期可进行交配，且一生仅交配一次，交配纳精后的雌性锚头鳋就可以寄生在大口黑鲈体表和鳃部。锚头鳋成虫期（寄生阶段）根据不同发育特点可分为"童、壮、老"3种状态。童虫状如细毛，白色且无卵囊，壮虫身体透明且有1对卵囊，老虫混浊不透明，软且带有许多原生生物。锚头鳋的寿命多在20d左右，其寿命长短与水温高低有关。

二、流行情况

锚头鳋流行范围广、流行季节长，其在水温12 ~ 23℃时均可繁殖和侵染鱼体。大口黑鲈全年均可发病，以5—9月最为流行。锚头鳋可感染不同规格大小的大口黑鲈，但多见于全长17cm以上的中成鱼，苗种少见。锚头鳋病是大口黑鲈养成期危害最严重的寄生虫，可导致大量死亡，在佛山市养殖户在养成期基本每月至少杀一次锚头鳋。

三、症状和病理变化

患病的大口黑鲈初期表现出食欲减退和躁动不安，随着病情发展，鱼体

逐渐消瘦，行动迟缓，体表出现红肿斑点和许多附着累枝虫和藻类的针状物（图4-30），犹如鱼体插入小针，故又称“针虫病”或“丁虫病”。小规格大口黑鲈会失去平衡甚至产生畸形弯曲。一条大口黑鲈寄生2～3条都可导致死亡，还易引起爱德华氏菌或气单胞菌的继发感染。

图4-30　大口黑鲈锚头鳋病

A.体表虫体　B、C.叮咬后的伤口　D.虫体大小

虫体寄生部位充血发炎，严重时，出现溃烂。表皮下组织水肿，有较多的炎症细胞浸润，靠近肌层的皮下组织出现钙化带。部分鳃小片充血，炎症细胞浸润，部分鳃小片水肿。

四、诊断

锚头鳋的个体较大，肉眼清晰可见，根据鱼体寄生虫体即可确诊。

但是，需要指出，锚头鳋的第五桡足幼体期即可侵袭鱼体，在发育为壮虫前，其个体小，状如发丝，肉眼不易辨别，而当其达到老虫期后，虫体会逐渐脱落，也容易误诊。因此，我们建议在诊断有无锚头鳋感染时，应多采集一些鱼（8～10尾或以上），仔细观察其体表。

五、防治

1.预防措施

（1）放苗前，对池塘清淤和彻底的消毒，清除塘底的虫卵等。

（2）混养适量鳙，控制水体浮游动物数量。

2.治疗措施

可购买针对锚头鳋类专用药，如溴氰菊酯等，具体用法用量遵厂家建议，隔3 ~ 5d杀1次，共2 ~ 4次。杀虫时注意增氧，每次杀虫后需测水，确保水质指标良好方可再次杀虫。需要特别指出，大口黑鲈对有机磷类药物极为敏感，忌用辛硫磷、敌百虫等有机磷类杀虫药。

参考文献

陈科, 2020.华南地区两种鱼类锥虫的感染动物模型与培养体系的建立[D].广州：中山大学.

邓永强, 汪开毓, 黄小丽, 2005. 鱼类小瓜虫病的研究进展[J].大连水产学院学报(2): 149-153.

丁雪娟, 廖翔华, 2004. 鲈鱼寄生逆转指环虫的分类地位[J].动物分类学报 (4): 628-632.

顾中华, 钱红, 于燕光, 等, 2016.斜管虫研究进展[J].河北渔业, 267(3): 48-54.

李国维, 夏文伟, 2017.黄骨鱼毛管虫病暴发原因及防治措施[J].当代水产, 42(3): 81-82.

李明, 汪建国, 章晋勇, 等, 2007. 鱼杯体虫(*Apiosoma piscicola*)的光镜及透射电镜观察[J].水生生物学报(2): 208-213.

梁芝源, 胡雄, 胡飞, 2019. 加州鲈寄生虫病及防控建议[J].当代水产, 44(7): 80-84.

缪炜, 余育和, 沈韫芬, 等, 2002.6种累枝虫(Epistylis)rRNA基因18S-ITS1序列及其分子系统发育关系[J].中国科学(C辑:生命科学) (2): 138-145.

唐发辉, 赵元莙, 陈辉, 2005.鲫寄生车轮虫一新种的描述[J].水生生物学报 (1): 75-80.

吴宗文, 汪开毓, 余容, 等, 2014.南方鲇锥体虫病的诊断和治疗[J].水产科技情报, 41(2): 73-75.

杨先乐，2018.鱼类寄生虫学[M].北京：科学出版社.

Bastos G G, Jerry D R, Miller T L, et al., 2017. Current status of parasitic ciliates *Chilodonella* spp.(Phyllopharyngea: Chilodonellidae) in freshwater fish aquaculture [J]. Fish Dis, 40(5):703-715.

Biao Jiang, Yanwei Li, Anxing Li, 2018.The development of *Cryptocaryon irritans* in a less susceptible host rabbitfish, *Siganus oramin*[J]. Parasitology Research, 117: 3835-3842.

Coyne R S, Hannick L, Dhanasekaran S, et al., 2011. Comparative genomics of the pathogenic ciliate *Ichthyophthirius multifiliis*, its free-living relatives and a host species provide insights into adoption of a parasitic lifestyle and prospects for disease control [J]. Genome Biology, R100: 2-26.

Culbertson J R, Hull R W, 1962. Species identification in Trichophrya (Suctorida) and the occurrence of melanin in some members of the genus [J].J Protozool, 9: 455-459.

De Azevedo R K, Abdallah V D, Da Silva R J, 2011.First Record of an Epibiont Protozoan *Epistylis* Sp.(Ciliophora, Peritrichia) Attached to Amplexibranchius Bryconis Thatcher & Paredes, 1985 (Copepoda, Ergasilidae) From Peixe's River, State of São Paulo, Brazil [J]. Crustaceana, 84(9): 1139-1144.

Hazen T C, Raker M L, Esch G W, et al., 1978. Ultrastruct of red-sore lesions on largemouth bass (*Micropterus salmoides*): associattion of the ciliate Epistylis sp.and the bacterium Aeromonas hydrophila [J]. Protozool, 25(3 Pt 2): 351-355.

Huh M D, Thomas C D, Udomkusonsri P, et al., 2005.Epidemic trichodinosis associated with severe epidermal hyperplasia in largemouth bass, *Micropterus salmoides*, from North Carolina, USA [J] .Wildl Dis, 41(3): 647-653.

Jiang B, Lu G, Du J, et al., 2019.First report of trypanosomiasis in farmed largemouth bass (*Micropterus salmoides*) from China: pathological evaluation and taxonomic status [J]. Parasitol Res, 118(6): 1731-1739.

Jørgensen L V G, 2017.The fish parasite *Ichthyophthirius multifiliis*-Host immunology, vaccines and novel treatments [J]. Fish Shellfish Immunol, 67: 586-595.

Kuperman B I, Matey V E, Steven B B, 2002. Flagellate Cryptobia branchialis (Bodonida: Kinetoplastida), ectoparasite of tilapia from the Salton Sea[J]. Reprinted from Hydrobiologia, 473: 93-102.

Paul H, Elizabeth H, 1996. Observations on the Conglutinates of Ptychobranchus greeni (Conrad, 1834) (Mollusca: Bivalvia: Unionoidea)[J]. American Midland Naturalist, 135 (2): 370-375.

Raphahlelo M E, Přikrylová I, Matla M M, 2020.*Dactylogyrus* spp. (Monogenea, Dactylogyridae) from the Gills of *Enteromius* spp. (Cypriniformes, Cyprinidae) from the Limpopo Province, South Africa with Descriptions of Three New Species [J]. Acta Parasitol, 65(2): 396-412.

Reis J, Collares-Pereira M J, Araujo R, 2014.Host specificity and metamorphosis of the glochidium of the freshwater mussel *Unio tumidiformis* (Bivalvia: Unionidae) [J]. Folia Parasitologica, 61(1): 81-89.

Watters G T, 1999.Morphology of the Conglutinate of the Kidneyshell Freshwater Mussel, *Ptychobranchus fasciolaris* [J]. Invertebrate Biology, 118(3): 289-295.

Woo P T, 2003. Cryptobia (Trypanoplasma) salmositica and salmonid cryptobiosis [J]. Fish Dis, 26(11-12): 627-46.

第五章　大口黑鲈真菌性疾病

第一节　鳃 霉 病

一、病原

鳃霉病病原为鳃霉菌，属于牙枝霉目（Blastocladiales）、牙枝霉科（Blastocladiaceae）、鳃霉属（*Baryancistrus*）。目前，我国报道的鳃霉菌有两种类型：一种为血鳃霉（*Branchiomyces sanguinis*），菌丝粗直而少弯曲，分枝很少，单枝延伸生长，仅在鳃丝血管、软骨内生长，不向鳃外组织伸展；菌丝的直径为20 ～ 25μm，孢子较大，直径为7.4 ～ 9.6μm，主要感染草鱼。另一种为穿移鳃霉（*Branchiomyces demigrans*），菌丝较细壁厚，弯曲成网状，分枝多，分枝沿鳃丝血管或穿入软骨生长，纵横交错，充满鳃丝和鳃小片；菌丝直径为6.6 ～ 21.6μm，孢子直径为4.8 ～ 8.4μm，主要感染鳙、鲮（*Cirrhinus molitorella*）、鲫、黄颡鱼、大口黑鲈等鱼类。鳃霉菌生长水温为25 ～ 30℃，温度越高，生长越快。鳃霉菌通过孢子与鳃接触而传播感染，主要危害规格较小的苗种（图5-1、图5-2）。

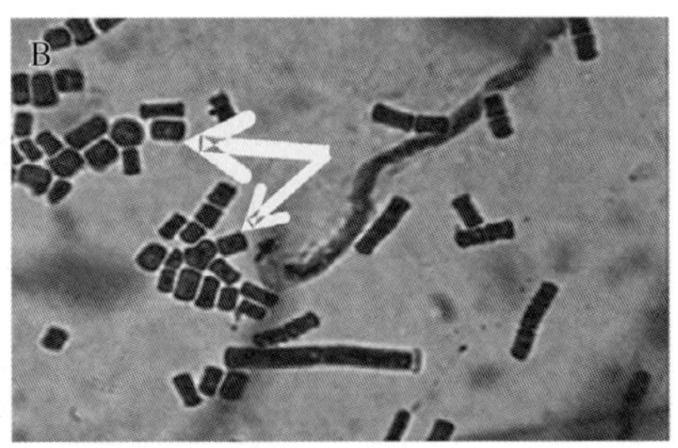

图5-1　血鳃霉菌丝显微镜下观察

A.菌丝顶端（40×）　B.孢子（100×）（乳酸酚棉蓝染色）

（引自Mohammed et al.，2019）

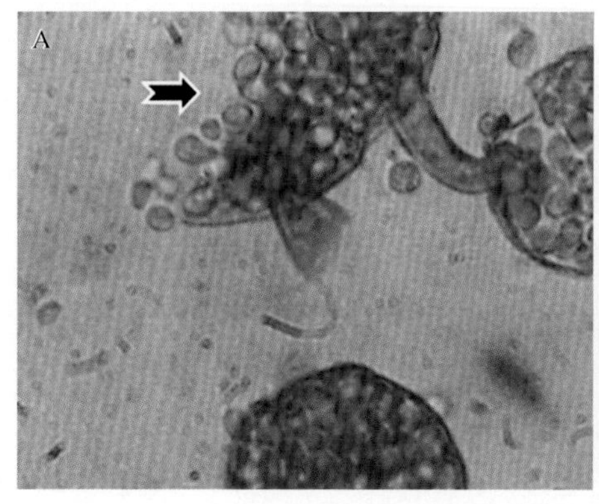

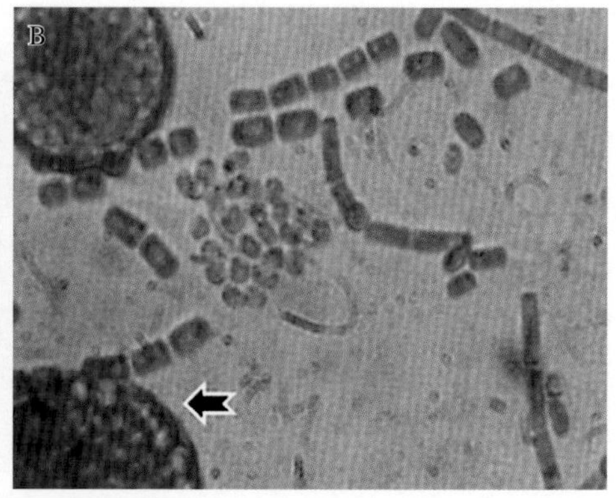

图5-2　穿移鳃霉显微镜观察

A.孢子（×100）　B.菌丝（×100）（乳酸酚棉蓝染色）

（引自Khalil et al.，2015）

二、流行情况

鳃霉病危害多种淡水养殖鱼类，大口黑鲈苗种易感，成鱼也可发病，但不多见。该病在全国各地均有发生，几乎全年可见，但主要流行于水温较高的5—10月，以5—7月梅雨季节为发病高峰。当水中有机质含量高时更容易暴发，可在数天内引起病鱼大量死亡。

三、症状和病理变化

病鱼食欲废绝，呼吸困难，游动缓慢，鳃上黏液增多，伴有出血、淤血或缺血的斑点，呈现花鳃，严重时整个鳃呈青灰色。根据病情和病程，鳃霉病可以分为急性、亚急性、慢性3种类型。急性型：由于菌丝和孢子堵塞血管，鳃呈苍白色，鳃丝点状充血或出血。低倍镜观察，可见鳃上有棉纤维样的菌丝，发病3～5d开始大量死亡，并可延续5～10d，死亡率高，可达60%以上。亚急性型：病鱼鳃丝坏死，坏死部位还会脱落，形成缺陷，鳃充血或出血，坏死部位还可能寄生水霉，病程较长，可延续几个月，出现无高峰的缓慢死亡，如不及时处理，死亡率可达30%～40%。慢性型：病症表现为鳃丝小部分坏死，少量部位因缺血而苍白，有些病鱼鳃丝末端浮肿，并可长期带病，影响生长发育，死亡率较低。在多种情况下，3种类型可互相转化，水温较高，水质污浊时，慢性可转化为急性；治疗不彻底，急性或亚急性也可能转化为慢性，并影响病鱼生长发育。

四、诊断

1. 临床症状诊断

病鱼一般独游于水面或靠边游，失去正常游动姿态，受惊后晃头游动，时常将头部伸出水面呼吸，不进食，严重时体表有点状充血现象，打捞上岸后挣扎时有鳃出血现象，鳃丝部分缺失或呈白色、青色或黑色。需要在光学显微镜下进一步确诊。

2. 显微镜检测

取病鱼鳃丝做成水浸片，镜检可见有分枝的菌丝或许多大小一致的透亮孢子，鳃丝中观察到根须发散状的菌丝，呈褐色或黑色，形状如梅花或树枝，分布在鳃小片间或鳃小片基部，可确诊（图5-3、图5-4）。镜检时注意鳃霉菌要

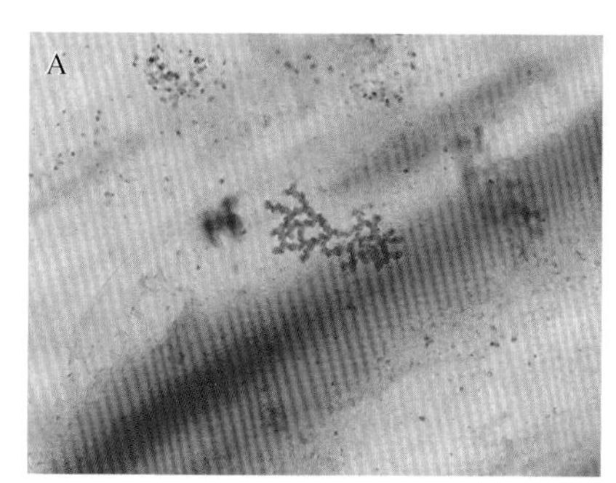

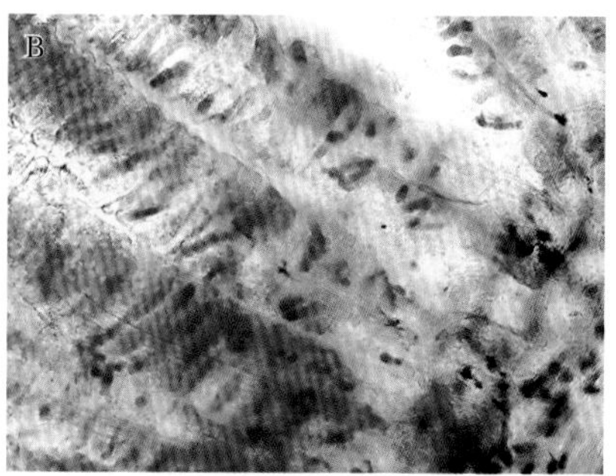

图5-3　感染鳃霉菌鱼鳃显微观察

A. 病鱼鱼鳃处鳃霉菌菌体　B. 病鱼感染后鳃坏死部位鳃霉菌菌体

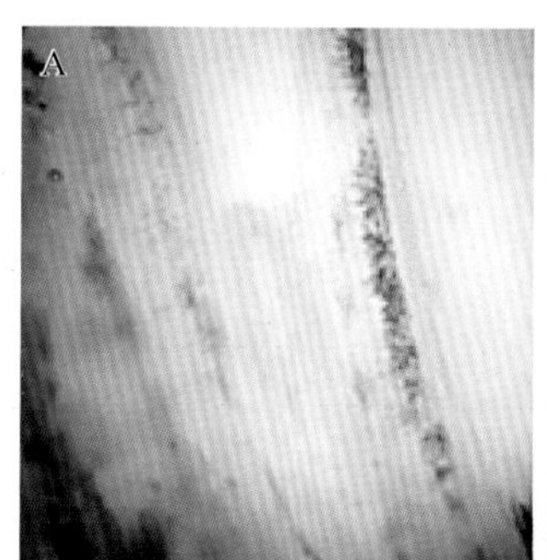

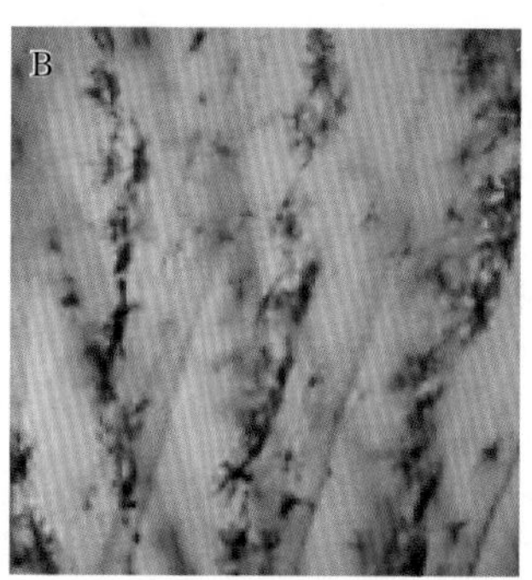

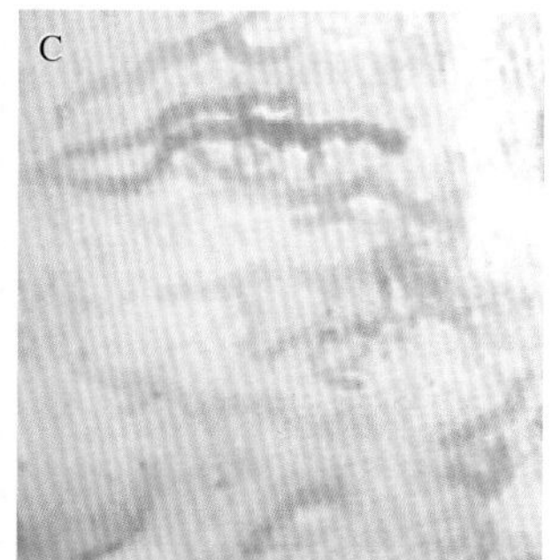

图5-4　鳃霉菌与黑色素细胞显微观察

A、B. 黑色素细胞　C. 鳃霉菌

（引自唐绍林，2018）

与黑色素细胞区别：鳃丝上的黑色素细胞在显微镜下一般呈类似雪花一样的星芒状，树突状分枝很多，而鳃霉菌丝在显微镜下粗细较均匀，分枝较少。鳃组织切片观察，黑色素细胞分枝宽度一般不超过7μm，细胞中的色素颗粒不足1μm，色素颗粒必须在高倍镜下才能见到，而鳃霉菌丝“粗壮”，菌丝直径和孢子直径远远大于色素细胞。

五、防治

目前尚无有效治疗方法，以预防为主。

（1）放苗前，清除池底过多淤泥，并用浓度为450mg/L的生石灰或40mg/L的漂白粉消毒。

（2）注意水质，保持水体肥度适宜，避免有机质污染，保持水质清洁，防止水质恶化，尤其是在疾病流行季节，定期灌注清水，定期全池遍洒生石灰。

（3）如已发病，则应尽快加注新水，改善水质状况，并进行水体消毒，抑制病原菌的生长繁殖，以阻止病情恶化。

第二节　水霉病

一、病原学

水霉病是由霉菌感染引起的一种鱼类真菌性流行病，在我国淡水水产动物的体表及卵上发现的水霉共有10多种，其中最常见的是水霉（*Saprolegnia*）和绵霉（*Achlya*）两个属的种类，属于鞭毛菌亚门，水霉科（Saprolegniaceae）。水霉呈团状管形菌丝，多核，无分隔（图5-5）。一部分菌丝伸入寄主的组织中去，吸收营养物，称为假根，长在外面的菌丝顶端膨大而成孢子囊，从中产生多个有2根鞭毛的孢子。孢子游到新的寄主身上，发育成新的水霉。菌丝顶端还可发育成精囊和卵囊。两者总是很靠近，精囊中的

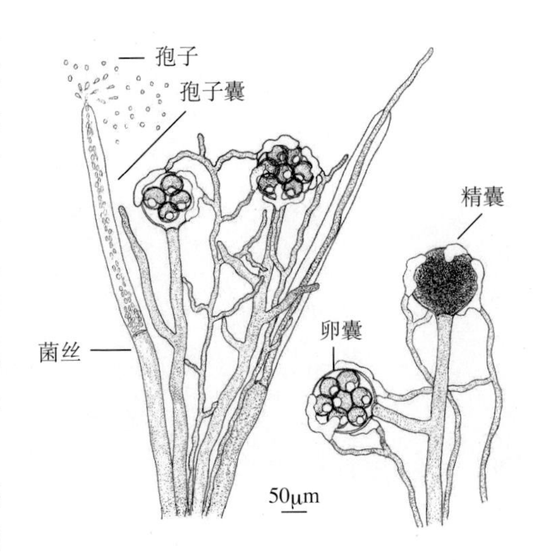

图5-5　水霉菌

（引自Svetlana，2006）

精子进入卵囊和卵融合而成合子。合子脱离卵囊，发育成新菌丝。水霉绝大多数存在于淡水中，盐度影响水霉的生长，盐度10 ~ 20显著抑制水霉生长，而盐度达到30时，水霉则完全不能生长。

二、流行情况

水霉在淡水水域中广泛存在，具有广泛的寄主谱，对寄主没有选择性，同一种致病性水霉菌对鱼体和鱼卵均有致病性。多数水霉菌是典型的腐生菌，鱼类水霉病均非原发性疾病，而是继发性疾病，鱼体皮肤完整和活鱼卵一般不会被水霉孢子感染，只有鱼体皮肤或鳃受到机械性损伤或其他病原体的伤害时，才会继发感染，死卵或未受精的卵容易感染水霉菌。鱼类的各个生长阶段均可感染水霉病，鱼体是否受伤和水温是否适宜决定了是否发生水霉病。水霉菌在水温5 ~ 26℃时均可繁殖，水温13 ~ 18℃的冬春季是水霉病的高发期。在北方越冬期水温在4℃以下时，一般越冬鱼类很少或不发生水霉感染，春季水温升高到约10℃时鱼类水霉病才开始大量发病。南方冬季水温下降至10 ~ 20℃时也是水霉病的发病高峰期。当水温升高到25℃以上时发病较轻的鱼会自愈。

三、症状和病理变化

疾病早期，无明显异状，当肉眼能看出时，菌丝不仅在伤口侵入，且已向外长出外菌丝，似灰白色棉毛状，故俗称“生毛”或白毛病。由于霉菌分泌蛋白质分解酶，导致病鱼分泌大量黏液，焦躁不安，常与固体物发生摩擦。发病严重的鱼游动迟缓，食欲减退，最后瘦弱而死（图5-6）。

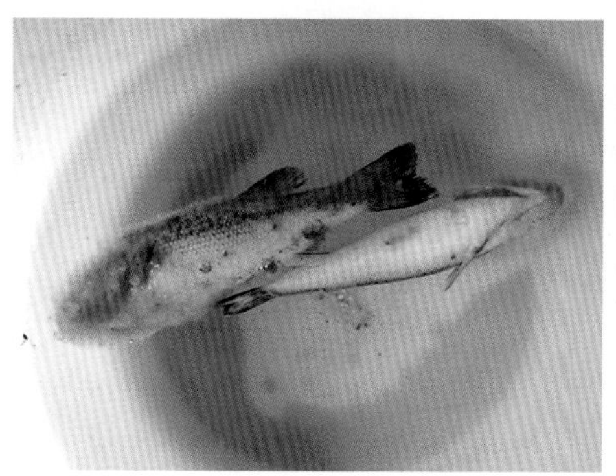

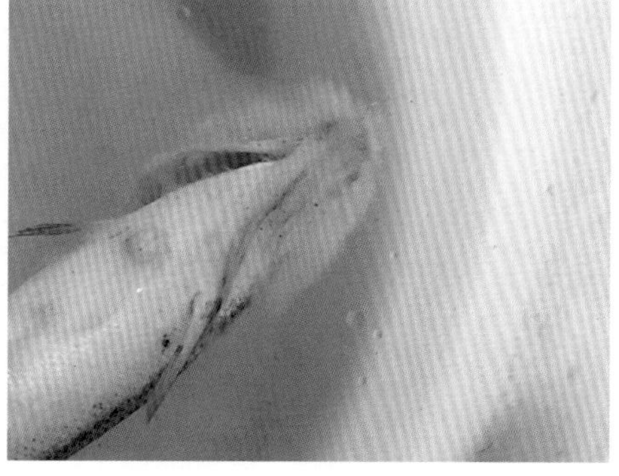

图5-6 感染水霉的病鱼临床症状

在鱼卵孵化过程中，内菌丝侵入卵膜内，卵膜外丛生大量外菌丝，被寄生的鱼卵，外菌丝呈放射状，有“太阳籽”之称（图5-7）。

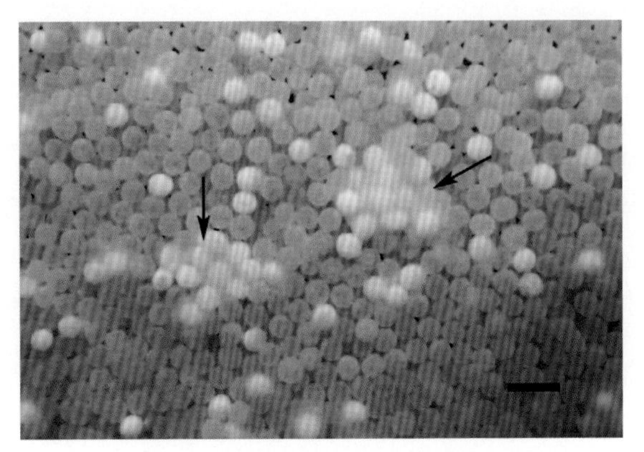

图5-7 被水霉寄生的鱼卵外菌丝

（引自Fregeneda-Grandes et al., 2007）

四、诊断

病鱼在水中时，可见体表“长毛”，取病灶处鳞片制成水浸片镜检，观察到水霉菌的菌丝及孢子囊等，即可确诊。霉菌种类的判别需经培养及进一步鉴定（图5-8）。

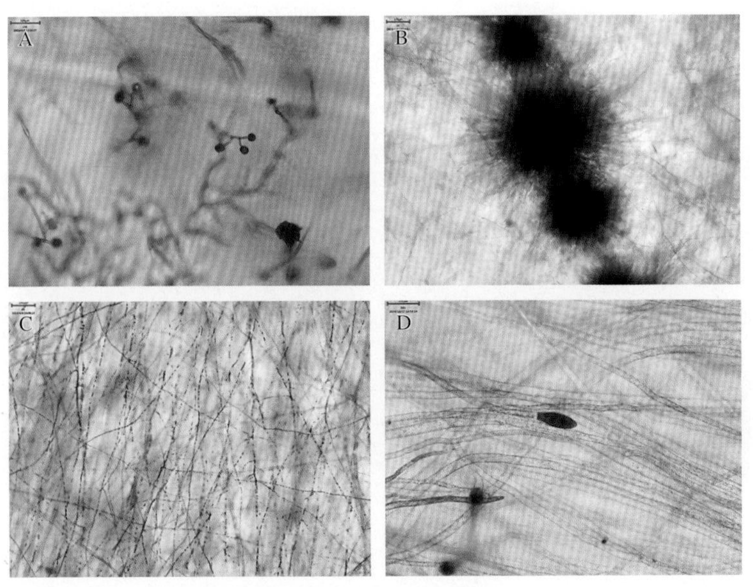

图5-8 水霉菌的显微观察

A.水霉菌菌体 B.外菌丝 C.水霉假根 D.水霉正面

五、防治

1. 预防措施

（1）水霉病一般发生于水温较低时，可以通过一些措施来提高冬春季节的水温，来预防水霉病，比如在冬季搭建大棚，适当添加地下水等来提高水温。

（2）适当提高盐度，在低温水霉病暴发之前，有条件的可适当补充一些海水晶盐提高水体盐度，来防治水霉病暴发。

（3）尽量避免在低温期进行分筛、过塘、拉网等人工操作，以免鱼体受伤。

（4）入冬前充分做好虫害的防控工作，防止虫害损伤鱼体。

（5）低温阴雨时期，进行水体消毒杀菌，减少水体的病原菌含量，降低发病风险。

2. 治疗措施

池塘出现水霉病时，选择晴天上午泼洒消毒剂，或者全池遍洒食用盐及碳酸氢钠合剂（1 ∶ 1）；内服抗细菌的药物以防细菌感染。

第三节　丝囊霉菌病（烂身病）

一、病原

丝囊霉菌病病原为侵入性丝囊霉菌（*Aphanomyces invadans*）和杀鱼丝囊霉菌（*Aphanomyces pisiciidia*），隶属于水霉科（Saprolegniaceae），丝囊霉属（*Aphanomyces*）。丝囊霉菌菌丝直径为11 ~ 26μm，无横隔，多为波浪形的分枝菌丝。菌丝内部分无原生质，呈空洞状。动孢子囊由不特化的菌丝形成，无隔膜，通常为长线形，通常长20 ~ 40μm（图5-9）。动孢子为短杆状，在囊内

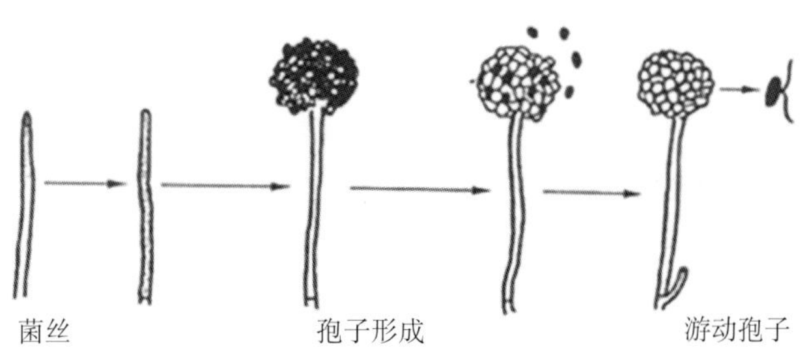

图5-9　侵入性丝囊霉菌的生活史

（引自Lilley JH，1998）

呈有规则的单行排列，自囊内逸出不游散开，呈葡萄状堆集在动孢子出口处。

二、流行情况

丝囊霉菌病是野生及养殖的淡水鱼与半咸水鱼类季节性流行病，感染不分品种，不分规格。水温18 ~ 22℃时为丝囊霉菌发病高峰期，南方地区多发于2—4月，当年12月至翌年1月零星发病。水温合适时，传染性极强，往往造成区域性流行感染。低温期鱼体表有伤口容易快速感染并发病死亡，呈现感染周期短、死亡周期长、累计死亡率高的特点（图5-10）。

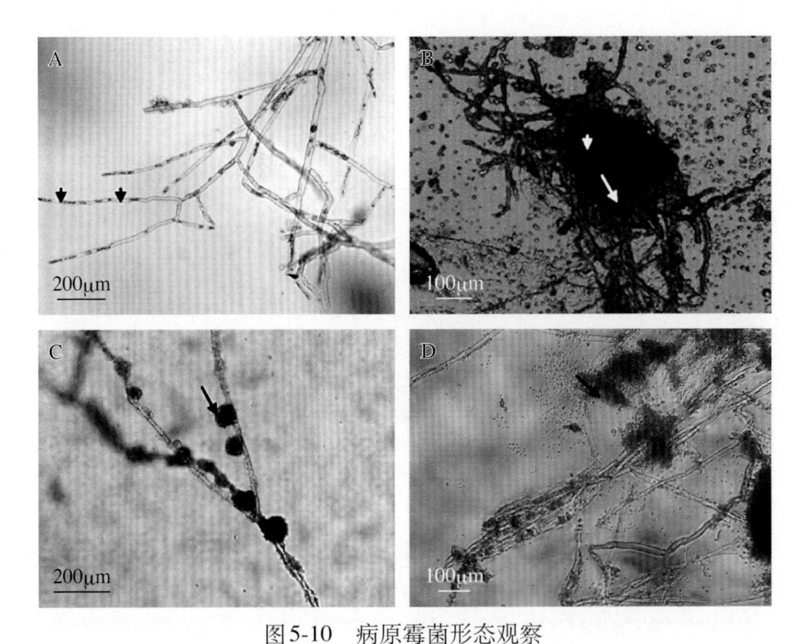

图5-10　病原霉菌形态观察

A.菌丝无横隔，孢子在菌丝内分段排列　B.固体培养基上的菌落
C.原代孢囊　D.释放出来的动孢子堆积在菌丝周围（箭头）
（引自常藕琴等，2019）

三、症状和病理变化

患病鱼早期厌食、上浮、离群独游和体色发黑，在体表、头、鳃盖和尾部可见红斑；后期出现较大的红色或灰色的浅部溃疡，在体表往往出现一些区域较大的溃疡灶，继而大量死亡。对于特别敏感的鱼，如乌鳢、大口黑鲈，损伤会逐渐扩展加深，到达身体较深的部位，使脑部或内脏暴露出来。

病理组织切片苏木精-伊红染色，显微镜观察到溃疡组织的皮肤致密结缔组织层和肌肉层有典型的霉菌肉芽肿结节。肉芽肿结节中央是真菌菌丝，

Grocott六胺银染呈褐色或棕色，外围包绕着类上皮细胞和纤维细胞，炎性细胞浸润在结节外层。扫描电镜观察到大量纤细的丝状真菌在肌肉组织中延伸，菌丝表面较光滑、平整（图5-11、图5-12）。

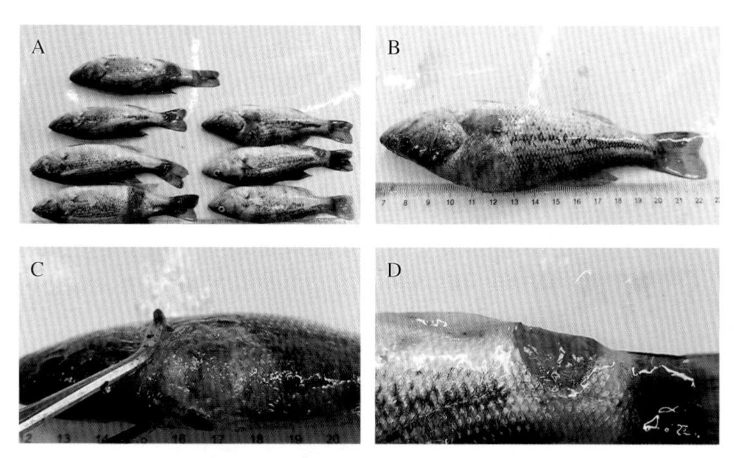

图5-11　感染丝囊霉菌的鱼体症状

A.感染丝囊霉菌的大口黑鲈病鱼　B.鱼体表出现溃疡病灶
C.背部出现溃疡病灶　D.尾部出现溃疡病灶

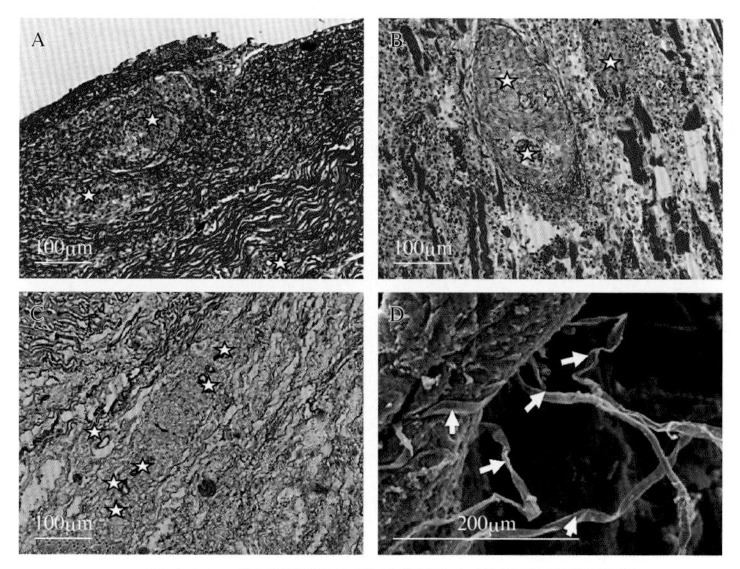

图5-12　溃疡组织病变及扫描电镜丝囊霉菌观察

A.侵袭到皮肤结缔组织中的霉菌形成的肉芽肿结节（☆），苏木精-伊红染色
B.侵袭到肌肉组织中的霉菌形成的肉芽肿结节（☆），苏木精-伊红染色
C.肌肉组织及肉芽肿结节中侵袭的真菌（☆），Grocott六胺银染色
D.扫描电镜观察到溃疡肌肉中纤细的丝囊霉菌
（引自常藕琴等，2019）

四、诊断

1.显微镜检测

患病鱼出现体表溃烂等典型症状时，取溃疡与健康组织交界处组织压片镜检，可观察到溃疡肌肉组织中有大量丝状、纤细、很少分支的菌体，Grocott六胺银染色，纤细菌丝呈棕黑色，直径10～20μm，交错分布在肌肉中（图5-13）。

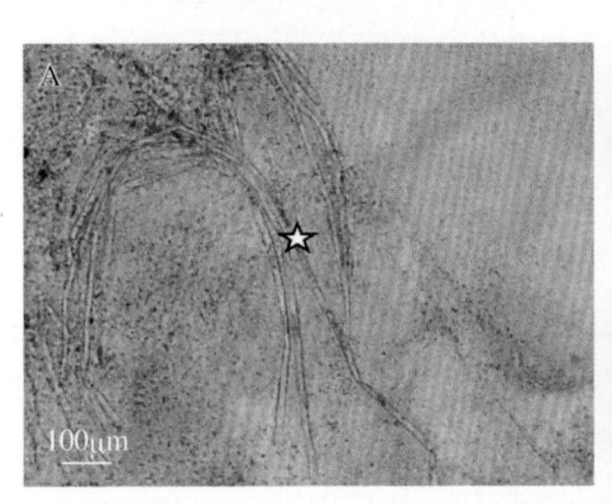

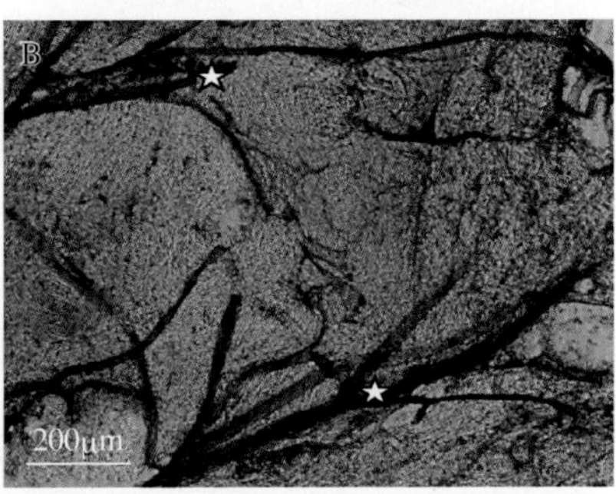

图5-13　溃疡组织活体压片观察

A.活体压片组织中的丝囊霉菌（☆）
B.组织中的丝囊霉菌菌丝呈黑色或棕色（☆），Grocott六胺银染色
（引自常藕琴等，2019）

2.分子生物学检测

进一步鉴定真菌种类，可以提取真菌DNA后进行分子生物学鉴定。采用霉菌特异性引物（可选择上游引物F：5'-TCATTGTGAGTGAAACGGTG-3'和下游引物R：5'-GGCTAAGGTTTCAGTATGTAG-3'，扩增片段长度为268bp）进行PCR扩增后，进一步测序后，进行核苷酸序列比对确定霉菌种类。

3.与其他霉菌的鉴别

注意丝囊霉菌感染与水霉菌感染的区别：鱼体感染水霉菌部位沾污严重，体表肉眼可见白色毛絮状物，镜检可见明显菌丝体；而感染丝囊霉菌的鱼体表则相对干净，肉眼难以观察到菌丝，需通过镜检溃烂处肌肉压片或组织病理切片观察才能看到菌丝。丝囊霉菌寄生时菌丝从表皮深入肌肉，导致感染位置深层肌肉坏死并出现明显肿胀，而水霉为浅表寄生波及周边部位，感染位置肿胀不明显。感染丝囊霉菌后造成鱼体溃烂，溃烂灶常见并发水霉病，加重病情。

五、防治

目前尚无针对性治疗丝囊霉菌病的有特效药物，主要以预防为主。

（1）预防防止各种损伤，忌带病入冬。建议入冬前抛网检查鱼体，依据不同病因处理相应问题（如锚头鳋、三代虫、诺卡氏菌病等）；冬春季忌刮鱼过塘、加水换水，以免造成应激脱黏、掉鳞、出血或鱼体之间摩擦损伤。

（2）深水过冬、肥水过冬，提高水体保温功能，同时抑制霉菌生长繁殖，入冬前宜提前加深水位至3 m以上。

（3）冬季适当投喂，勿长时间停料，并拌喂复合维生素、免疫多糖等，增强鱼体体质，冬季勿长时间停料。

（4）入冬前，开春回温期，勤改底、补菌，并保证一定的增氧力度，保持水质稳定，减少水体有机质及毒害物质，改善环境。

第四节 镰刀菌病

一、病原

大口黑鲈镰刀菌病病原主要为腐皮镰刀菌（*Fusarium solani*），属于不全菌纲（Deuteromycetes）、瘤痤孢科（Tuberculariaceae）、镰刀菌属（*Fusarium*）。它普遍存在于土壤中，分布广泛。腐皮镰刀菌落在马铃薯葡萄糖琼脂培养基平皿上培养时，菌丝呈绒毛状，褐白色、菌落反面淡褐色或浅红色，分生孢子有大小两型。大型分生孢子无色，镰刀形，有3 ~ 4个隔膜，大小（30 ~ 50）μm×4.6μm；小型分生孢子长椭圆形或圆柱形，串生，无色有1 ~ 2个隔膜，很少或不产生；厚垣孢子球形或卵圆形，表面光滑或粗糙，顶生或间生，单生或双生，大小（8 ~ 10）μm×（7.0 ~ 9.5）μm（图5-14）。

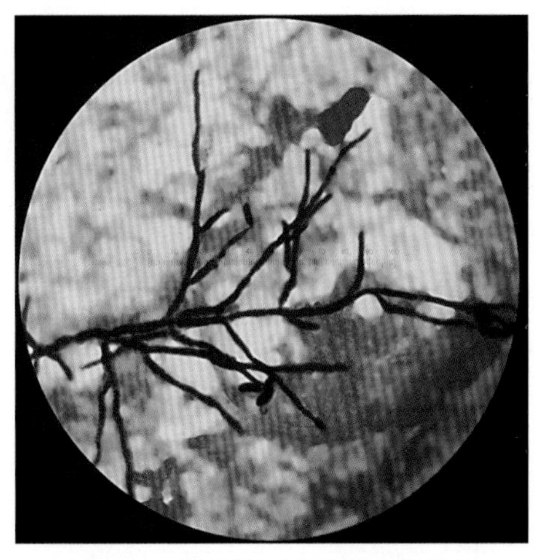

图5-14 显微镜下腐皮镰刀菌菌丝

（引自Ang and Chew，2020）

二、流行情况

腐皮镰刀菌在世界范围内分布广泛，可在土壤中长期进行腐生生活，常见为植物病原菌。镰刀菌病一年四季都有发生，冬季在温室内较为常见。镰刀菌为条件致病菌，一般在鱼体受到创伤、摩擦、化学物质或者其他生物伤害后，病原才能趁机入侵。1960年，人们首次从濒死鲤上分离到黄色镰刀菌（*F. culmorum*），并观察到病鱼的体表有大量白色覆盖物。随后陆续有真鲷、罗非鱼、鲫、大口黑鲈等鱼类感染镰刀菌的相关报道。腐皮镰刀菌可感染大口黑鲈，严重时会可引起大批死亡。

三、症状和病理变化

大口黑鲈发生镰刀菌病时，病鱼的头部、背鳍、背部和尾部的表皮出现充血发炎，随着病情的发展，发炎的皮肤肌肉逐渐溃烂形成圆形或椭圆形的溃烂病灶，并出现大量细小的丝状物，类似水霉。溃烂严重时可使骨骼裸露，病鱼很快死亡。当鱼体损伤或生存环境恶劣时，镰刀菌孢子会进入鱼体表皮，并随着血液循环进入各个组织器官，引起充血、出血、血栓等，进而引起血液循环障碍，组织坏死；同时孢子会在体内大量繁殖，最终鱼体呼吸困难而死（图5-15）。

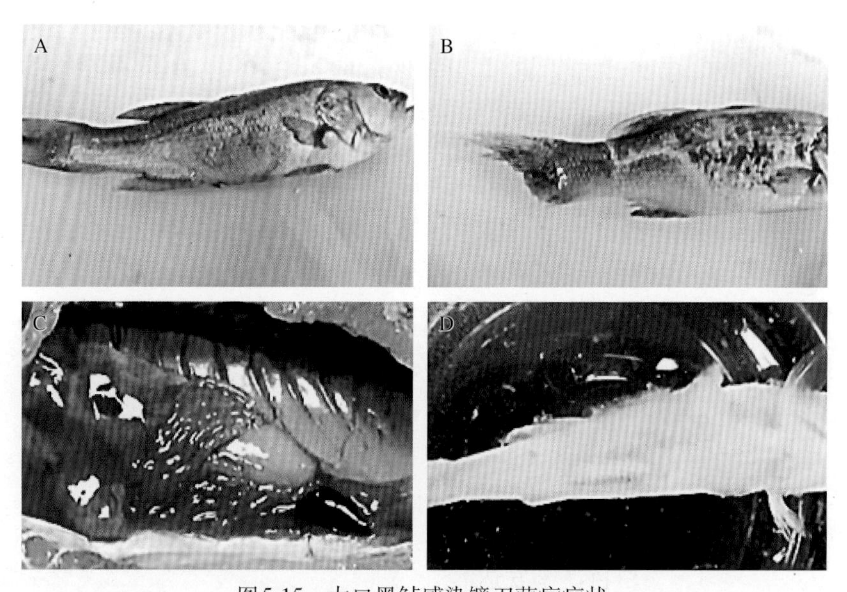

图5-15　大口黑鲈感染镰刀菌病症状

A.体表充血发炎　B.断尾　C.肝、肠充血和脾肿大　D.菌丝附着

（引自于交平，2021a）

镰刀菌感染主要表现为表皮肌纤维坏死，腹腔感染初期病理变化主要表现为循环系统障碍。中后期病鱼肌肉、肝、肾、肠均呈现不同程度的病变。病灶处肌纤维坏死、溶解，大量炎性细胞浸润，肝细胞间质水肿，血管发生血栓，

并可发现镰刀菌分生孢子入侵组织，肝肾细胞均发生不同程度的坏死，细胞边界模糊，细胞核溶解，大量炎性细胞浸润；肠壁发炎，肠系膜脱落坏死引起肠道堵塞，炎性细胞浸润。

四、诊断

1.显微镜检查

患病鱼出现体表溃烂等典型症状时，取溃烂处组织镜检可发现具有分隔的真菌菌丝，并可观察到镰刀状的分生孢子。有时可见分生孢子逸在鳃丝的顶端，呈花簇状排列（图5-16）。

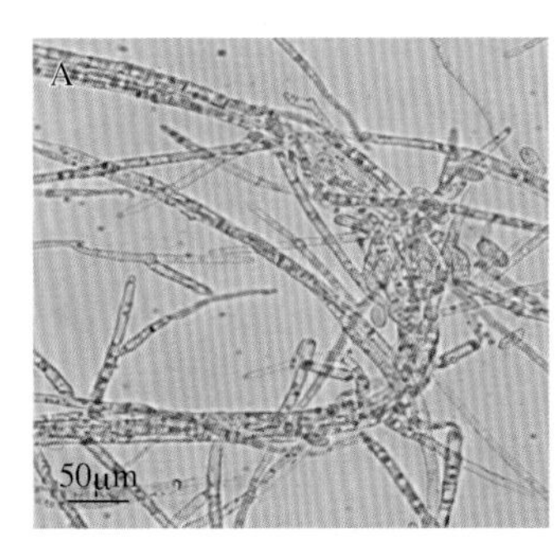

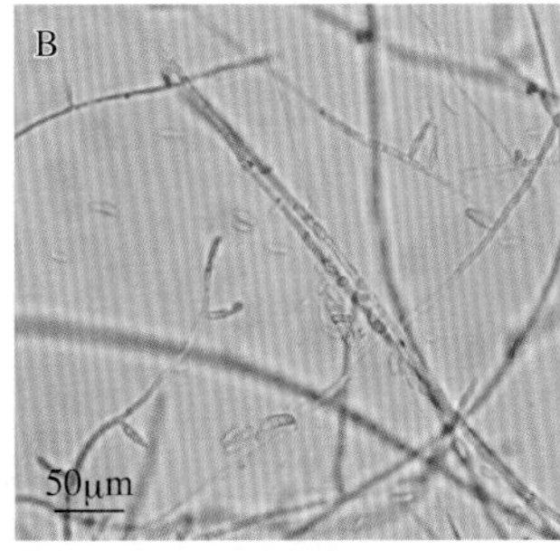

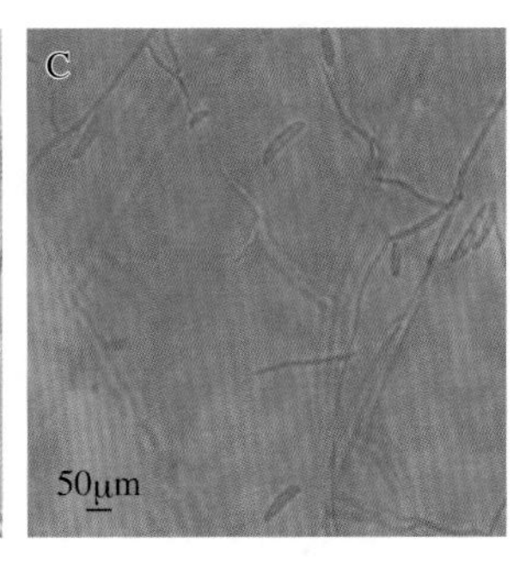

图5-16 腐皮镰刀菌菌丝及分生孢子

A.菌丝（×40） B.小分生孢子（×40） C.大分生孢子（×40）
（引自于交平，2021b）

2.分离培养鉴定

取病灶材料接种到真菌培养基平板中，腐皮镰刀菌可以在马铃薯葡萄糖琼脂培养基、玉米粉琼脂培养基和沙氏琼脂培养基上生长，同时需加金霉素和链霉素抑制细菌生长。腐皮镰刀菌在马铃薯葡萄糖琼脂培养基上培养4 ~ 5d可铺满平板，菌落正面白色，有发达的白色棉絮状气生菌丝；在玉米粉琼脂培养基上生长特征与马铃薯葡萄糖琼脂培养基相似；在沙氏琼脂培养基上，产黄色色素，菌落背面及培养基由黄色变为黄褐色，其他特征与马铃薯葡萄糖琼脂培养基相似（图5-17）。

3.分子生物学鉴定

进一步鉴定真菌种类，可以提取真菌DNA后进行分子生物学鉴定。PCR

扩增采用真菌通用引物PCR扩增采用真菌通用引物（可选择上游引物ITS1：TCCGTAGGTGAACCTGCGG和下游引物ITS4：TCCTCCGCTTATTGATATGC，扩增片段长度为550bp左右）进行PCR扩增后，进一步测序后，进行核苷酸序列比对确定霉菌种类。

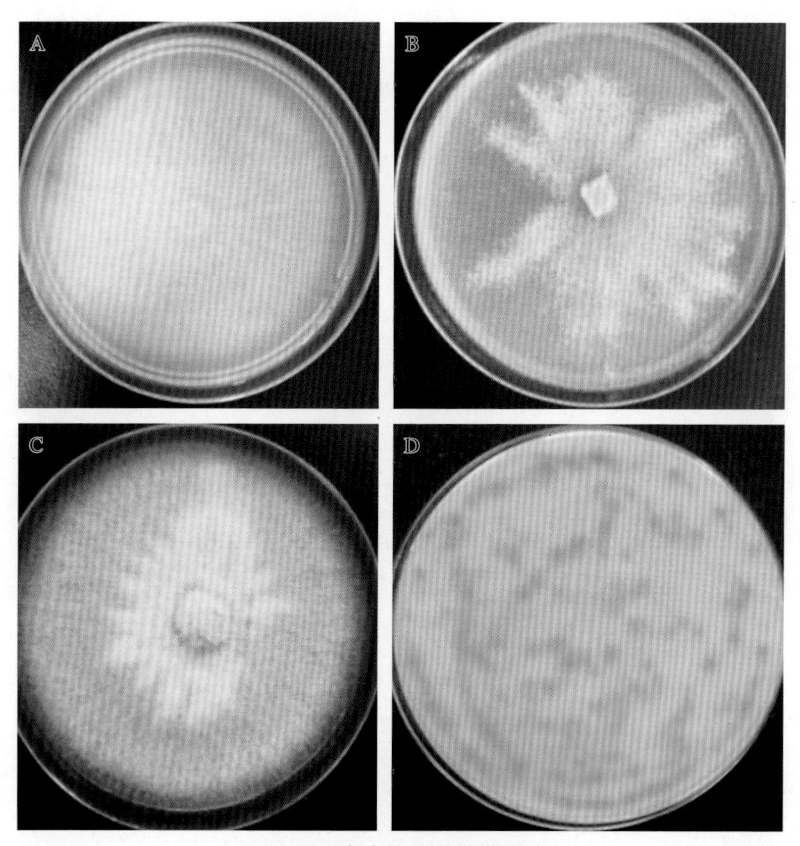

图5-17 腐皮镰刀菌菌落形态

A. 马铃薯葡萄糖琼脂培养基 B. 玉米粉琼脂培养基CMA
C. 沙氏琼脂培养基正面 D. 沙氏琼脂培养基背面
（引自于交平，2021b）

五、防治

目前尚无理想治疗方法。主要是在早期进行预防：防止各种损伤，入冬前检查鱼体，处理各种原因造成的鱼体损伤；冬春季节尽量少刮鱼、避免大量加水或换水，以免造成应激脱黏、掉鳞、出血或鱼体之间摩擦损伤；入冬前加深水位，肥水过冬，提高水体保温功能，防止霉菌大量生长繁殖；冬季勿长时间停料，保持鱼体体质；保持水质良好稳定，减少水体有机质及毒害物质等。

参考文献

常藕琴，石存斌，王亚军，等，2019. 鳢流行性溃疡综合征病原分离鉴定与病理形态学观察[J]. 中国水产科学，26(6): 1213-1220.

陈生智，谢承西，王玉群，2018. 初夏草鱼谨防鳃霉病[J]. 科学养鱼 (12): 89.

黄文芳，陈红，胡朝晖，等，1996. 鱼类镰刀菌的研究：I.从大口黑鲈病灶上分离的镰状镰刀菌的研究[J]. 水生生物学报，4: 345-352+403.

可小丽，汪建国，苑晶，等，2010. 镰刀菌对鱼类致病性和组织病理研究[J]. 水生生物学报，34(5): 943-948.

李芳，2018. 鱼鳃霉病的综合防治[J]. 中兽医学杂志 (6): 31.

欧仁建，曹海鹏，郑卫东，等，2012. 黄颡鱼卵致病性绵霉的分离鉴定与药敏特性[J]. 微生物学通报，39(9): 10.

彭开松，鲍传和，樊慧敏，等，2018. 流行性肉芽肿性丝囊霉菌病研究进展[J]. 安徽农业大学学报，45(1): 5.

戚瑞荣，唐绍林，崔龙波，等，2016. 罗非鱼鳃霉样真菌的显微观察[J]. 水产科技情报，43(2): 88-90.

曲秀鹏，张华，王玉群，2016. 淡水鱼类鳃霉病的特征及防治[J]. 科学养鱼 (7): 1.

汪建国，2015. 淡水养殖鱼类疾病及其防治技术(16)——鲫和金鱼疾病(三)[J]. 渔业致富指南.

肖克宇，陈昌福，2004. 水产微生物学[M]. 北京：中国农业出版社.

于交平，2021a. 加州鲈源腐皮镰刀菌的分离鉴定，防控及其感染鱼后的转录组分析[D]. 上海：上海海洋大学.

于交平，罗蒙，冯国清，等，2021b. 加州鲈致病性镰刀菌的分离鉴定及其药物敏感性分析[J]. 淡水渔业，51(4): 27-33.

战文斌，2004. 水产动物病害学[M]. 北京：中国农业出版社.

Ang A, Chew K L, 2020. Disseminated Fusarium solani complex infection[J]. Clin Microbiol Infect, 26(12): 1636-1637

Fregeneda-Grandes J M, Rodríguez-Cadenas F, Aller-Gancedo J M. 2007. Fungi isolated from cultured eggs, alevins and broodfish of brown trout in a hatchery affected by saprolegniosis[J]. Journal of Fish Biology, 71(2): 510-518.

Lilley J H, Callinan R B, Chinabut S, et al., 1998. Epizootic Ulcerative Syndrome (EUS)

Technical Handbook[J]. The Aquatic Animal Health Research Institute, Bangkok. 88 pp.

Mohammed I, Abed A R, Al-Nuaimi A N, 2019. A comparative study between the pollution of euphrates river water and the drainage water and their effects on branchiomyces sanguinis growth[J]. Pollution Research, 38(3): 86-92.

Svetlana M, 2006. Saprolegniaceae (Peronosporomycetes) in Lithuania. Ⅱ . The genus *Saprolegnia*[J]. Botanica Lithuanica, 12(2): 97-112.

第六章　大口黑鲈其他疾病

第一节 “血窦”病

一、发病原因

目前认为是由多种应激因素引起的，其中热应激是重要因素，如持续高温和闷热天气，增加需氧量和加速新陈代谢，引起鱼体代谢紊乱。尤其在日常投喂中，大口黑鲈无法完全吸收摄入过多的油脂导致代谢受阻，产生脂质过氧化反应，氧化因子攻击肝等造血器官和血细胞，引起血细胞变形，大大降低血液的运载速率和流动性，血液淤积于心脏附近，继而形成“血窦”。其他因素：鳃内进行气体交换时，气泡进入血管，造成血管阻塞，血液循环不畅；应激导致鱼的心率加快和血压增高；溶解氧低，血氧饱和度低，氨氮和亚硝酸盐过多；消毒、杀虫、杀藻、蓝藻毒素等引起的鱼体应激；肝病导致血管壁通透性增加，高血脂导致血管壁弹性变差。

二、流行情况

该病主要流行于高温季节，水温30℃以上（故不少文献中称为热应激病），尤其是水位较浅（平均水深不足2m），水质较差，摄食较多的鱼塘容易暴发此病。珠三角地区5—9月，天气剧烈变化、突然下雨降温等对鱼体产生较大刺激，易造成该病暴发流行。大规格苗种（15 ~ 100g）对该病十分易感。

三、症状和病理变化

典型症状表现为鳃弓基部出现红色血凝块。本病在发病期间，鱼群摄食正常，抢食凶猛，而患“血窦”病的鱼会在摄食过程中突然打转或狂游后死亡。仔细观察可发现，病鱼体表光滑，鳃弓基部出现黄豆大小的血肿块，颜色呈暗红色，解剖发现围心腔充满血液（图6-1），心脏破损，疑似血肿块堆积围心腔中，导致心脏破裂而死亡，内脏器官无明显病变，组织病理学观察发现为血凝块（图6-2）。鱼体表一般无明显症状，偶见肛门有稀便排出，鳃丝失血而呈淡红色或灰白色。

图6-1 大口黑鲈"血窦"病的临床症状

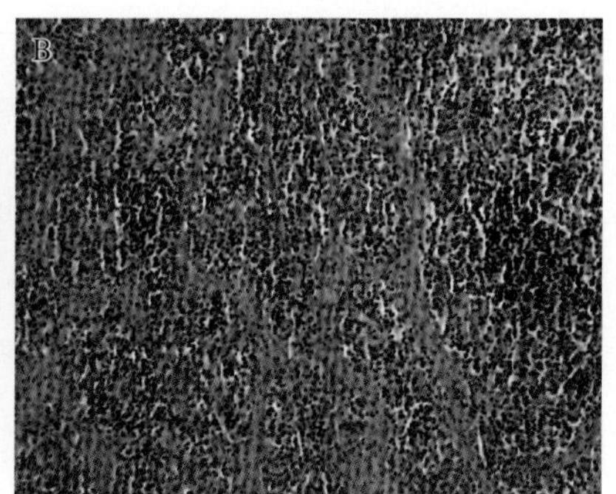

图6-2 大口黑鲈"血窦"的血肿块组织病理学

四、诊断

1.病原分离培养

本病与消化代谢关系较大，与寄生虫、细菌、病毒等生物性病原体存在一定的联系，分离到的病原体可能是导致该病的因素之一。

2.临床症状诊断

摄食过程中病鱼体表无明显症状而突然抽筋打转死亡。检查鳃部，发病前期，鳃丝下方有血泡；发病后期，可观察到鳃表面有淤血附着。解剖鱼体可见心脏破损、血液充斥围心腔，内鳃弓基部出现黄豆大小的积血或血凝块（图6-3）。

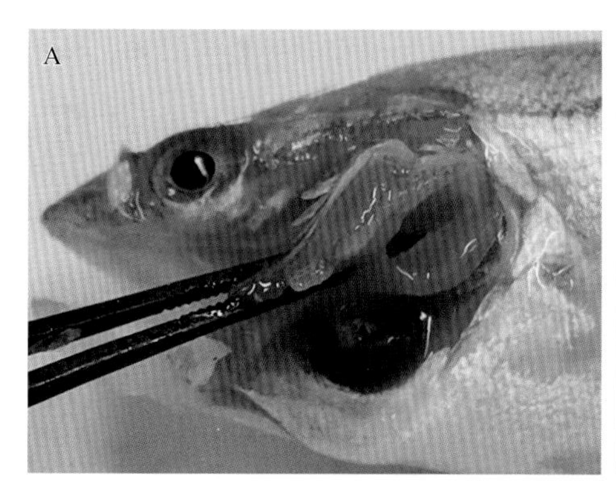

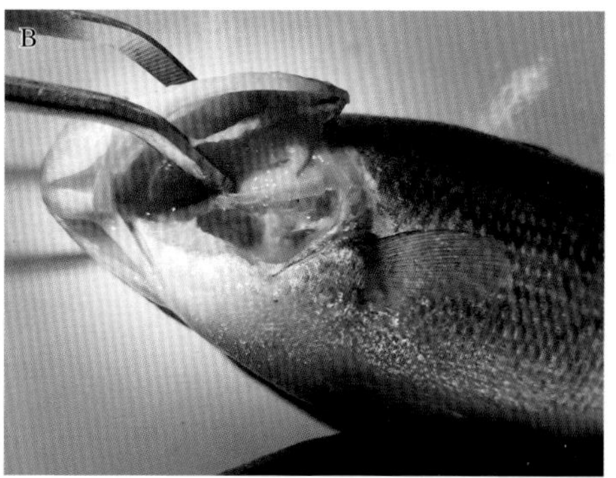

图6-3 解剖发现大口黑鲈内鳃弓基部出现黄豆大小的积血或血凝块

3. 血涂片观察

从鱼尾部静脉抽血后，制成血涂片，光镜下检测血细胞的形态是否变形可辅助诊断。

五、防治

1. 提高养殖池塘水位

夏天避免水温过高引起应激，提升水位至2m以上；对渗漏池塘及时封堵，加高水位。

2. 养殖环境降温

当水温过高时，及时实施降低温度措施，可加深水位、抽取地下水或者低温水（如水库底层冷浸水）入池，或者投加冰块（小水体可用），还可在养殖水面种植水草，搭棚遮阳。

3. 高温期避免过饱投喂

高投喂量，容易造成肝肠受损，血脂升高、肝胆综合征和不耐运输等，养殖过程中应少量多餐，在高温季节，特别要控制投喂量。发病时要停料1 ~ 2d，再减量投喂，加强增氧和外泼维生素C抗应激处理。

4. 内服中草药

预防时服用清热解毒的中药，如三黄散、板蓝根等；还可用解暑降火药物，如藿香正气水等。

第二节　气 泡 病

一、发病原因

鳃是鱼类重要的呼吸器官，血液通过鳃丝和水接触，鳃丝中的二氧化碳与水中的氧气进行交换。当养殖水体中的溶解气体（一般是氧气和氮气）达到过饱和状态时，水中游离形成的微小气泡附着在鳃丝表面形成空气“隔膜”，阻断水与鳃丝表面接触和气体交换，同时气泡刺激鳃丝分泌大量黏液，进一步隔断鳃与水体溶解氧交换，可导致鳃丝损伤，甚至机体缺氧死亡；另一方面，水体中过饱和的气体主要通过鳃丝上皮进入体内，从而在体内血管、组织间形成肉眼可见的气泡或微小的肉眼不可见的气泡，或者当压力（水体压力、大气压）突然下降、水温突然升高，使原来溶解在血液或组织液中的气体变成游离状态，形成气泡。此外，气泡被鱼苗误食吞入后，会在肠道内堆积，积累过多会导致鱼体上浮，失去下沉能力，被误食的气泡堵塞在肠道内，会阻断消化道内食物的正常消化吸收过程，引起鱼体死亡。气泡病发病迅速，死亡率高，对鱼苗的危害严重。水中气体过饱和的原因，有以下几种：

1.水体中甲烷和硫化氢气体

育苗池塘在肥水的过程中，使用未经发酵的有机肥料，容易在池塘底部分解并释放出含有甲烷和硫化氢的细小气泡。

2.水体中氮气过饱和

使用地下水作为养殖水时，地下水（尤其是深度超过90 m）抽出后如未经过减压或曝气处理，直接用于养殖，水中的氮气迅速被释放出来，进入鱼体组织而引起气泡病；有些养殖区土壤含有过多硝酸盐化合物，也会造成地下水含有较多的过饱和氮气，可能引起气泡病的发生；水中的有机物被分解成游离氨，之后转换成硝酸，经去硝化作用变成亚硝酸，最后亚硝酸被分解产生氮气，水池中容易积累大量氮气。

3.水体中氧气过饱和

在夏季高水温期，浮游植物的光合作用旺盛时，可引起水中溶解氧过饱和。此外，当池塘中施用过相关药物后，浮游动物数量锐减，水体耗氧量急剧

减少，若是此时浮游植物同时大量繁殖，极易造成水体中的溶解氧超标。一般水体溶解氧量含量高于溶氧饱和度125%被认为是有危险性，若高于300%则对鱼类有致死性。

4. 温度造成水中的溶解气体饱和度变化

气体在水中的溶解度随水温的增高而降低，短时间内水温迅速升高，将使水中的溶解气体从不饱和状态转化为过饱和状态，引起养殖水体中的鱼类产生气泡病。

5. 物理因素

部分流水池塘在雨季时水速和水量大，水和空气混合分解成微小气泡，溶解于水中。空气经过机械物理作用后，空气中的大量气泡进入水中，使水呈乳白色，这样的气体过饱和水体，会引发养殖中的鱼类发生气泡病。此外，鱼苗运输过程中，人工充氧多过，也可使水体中气体过饱和而发病。

二、流行情况

气泡病不受限于养殖品种或养殖阶段，一旦养殖水体出现气体过饱和现象，水生动物就易患此病。该病发生流行于以下几种情况：

1. 季节的转换

易发生于春末夏初，或气温变化大的春季和夏季，冬季低温期发病情况较少。当天气变化大，早晚温差大，水温升高，池塘中的浮游植物光合作用增强，水体中的溶解氧快速增加，水中的溶解气体趋于饱和，容易引起气泡病。其中，春天刚下塘的鱼苗和规格较小的鱼体对水体内气体饱和度的快速变化调节能力差，极易发生气泡病。

2. 天气状况的突然转变

阴雨天气后转晴，温度快速回升，也会出现气泡病的发病高峰。如广东省每年的5—10月是台风多发季节，雨后天晴，水温快速升高，水体中浮游植物光合作用同样迅速增加，使水体中气体饱和度快速升高；连续的晴天，突然在下雨前闷热，空气中气压下降，气体在大气压强的变化下进入池塘水中，溶解气体过饱和，引发鱼类的气泡病。生产实践中多数气泡病都是雨后晴天发生的，特别是养殖初期水位又比较浅的池塘发病率更高。池塘杀虫后2 ~ 3d也是气泡病的发病高峰，杀虫药物杀死寄生虫的同时也杀死了水体中的浮游动物，水体中没有浮游动物耗氧的同时，小型藻类没有浮游动物摄食而疯长，很容易发生气泡病。

3.物理因素

水流湍急，换水或注入新水时大量气体溶解在水中，可见大量白色气泡或乳浊色水体，水中溶解有过饱和的气体，容易导致气泡病。

三、症状和病理变化

病鱼呼吸缓慢、浮水，严重时可见其在水面挣扎或打转，检查“游水”病鱼或可见鱼腹膨大。肉眼观察病鱼，鳃丝发白或粉红色，附着有较多黏液，鱼鳍组织中出现大量气泡且有充血现象，尾鳍表现最为严重，一些病鱼体表出现少量出血点。解剖后，内部脏器可见淤血或充血，肠胃伴有胀气、膨大，鳔严重膨大，但该现象在不同的个体中有所不同，有些病鱼解剖后的内部脏器并未见明显症状。镜检可见发病鱼鳃丝上附着微小气泡，血管、肠道、皮下和肌肉组织内有大量白色气泡，其中尾动脉末端和体节动脉末端的皮下组织形成气泡最多，发病鱼因栓塞而死（图6-4）。

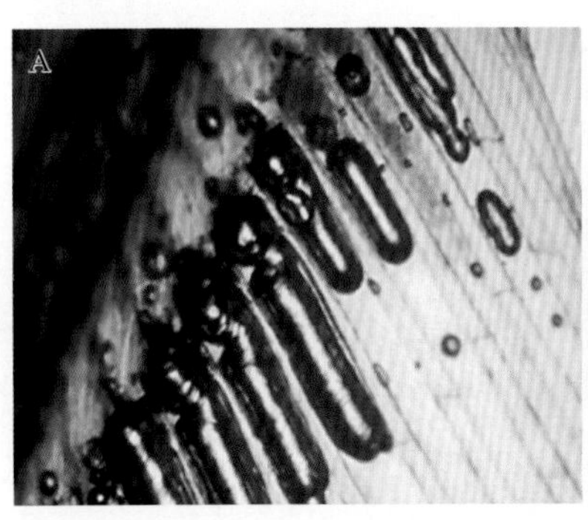

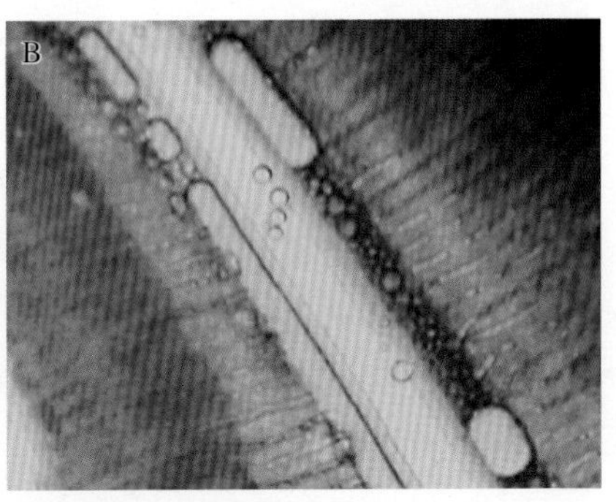

图6-4　患病大口黑鲈鳍条和鳃丝上附着微小气泡

A.鳍条　B.鳃丝

四、诊断

对发病鱼进行肉眼观察、解剖以及显微镜检测，观察其体表有无出血点，鳃丝、鳍条、肠道以及内部脏器有无气泡并伴有充血出血等典型症状（图6-5）。此外，可进行相关的水质检测，如常规的水质检测，水温、pH、硫化物、亚硝酸盐、氨氮含量等，这些影响因子的变化，可直接或间接改变养殖水

体的气体溶解度和饱和度，诱发养殖动物的气泡病。注意进行水体溶解氧指标检测，判断水样中的溶解氧是否处于过饱和状态。

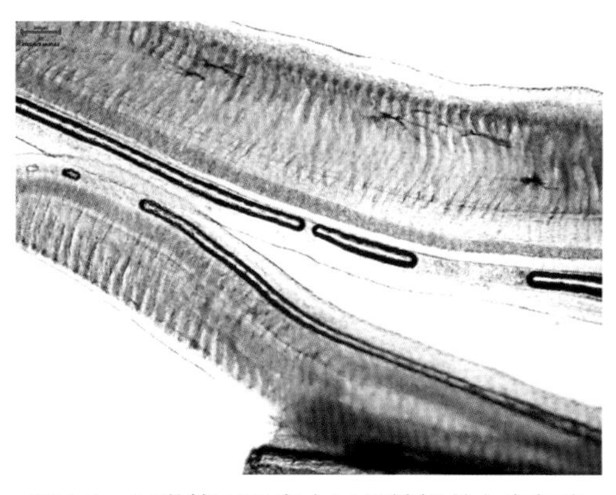

图6-5　显微镜下观察大口黑鲈鳃丝上有气泡

五、防治

该病药物治疗效果并不显著，应当以预防为主，治疗为辅。

1.放苗前处理

（1）*养殖水体使用前曝气*　地下水需经过充分曝气后，才可作为养殖水体使用。

（2）*放缓投苗时间*　池塘在清塘、消毒、加注新水并施肥后，暂缓20d左右再放苗。清塘7 ~ 10d是水体中浮游植物生长的高峰期，此时大量浮游植物进行光合作用释放出大量氧气，若此时放苗易发生气泡病。10 ~ 15 d内，池塘中的浮游动物开始迎来高峰生长期，会大量消耗水体中的氧气，此时放苗容易缺氧致死，同时也提高了寄生虫病的发生概率。清塘20 d后，水体内的浮游动植物达到相对稳定的状态，此时投苗能够大大降低气泡病的发生概率，提高鱼苗的存活率。

(3) *鱼苗运输控氧*　在苗种运输过程中，应当注意水体含氧量，不可急剧充氧。

2.发病处理

（1）*表面活性剂的使用*　适当使用表面活性剂可降低水体表面张力，使水中的气体能快速释放到空气中。

（2）*补充新水，排出原养殖水*　当发现鱼类出现相应症状时，可大量补充新鲜淡水，起急救作用。

（3）*加深水位*　水位升高，水中的大气压强随深度增加而升高，底层的水体中气体含量低。当表层的水体处于气体过饱和状态时，鱼类由本能驱使将往深处的安全区去寻找庇护，水体有一定深度时，鱼受到的损害会降低。

（4）*补充食盐水*　进水口处泼洒1.2 mg/L食盐水可紧急抢救患病淡水鱼苗。

3.控制水温和浮游植物量

（1）*控制水温*　连续阴雨天或台风天后的晴天，要特别关注水温，适当注入新水，降低水体温度。

(2) 肥料的使用　池塘中的腐殖质含量要控制在合理范围内，不施用未经发酵的肥料。

(3) 控制浮游植物数量　减少水中浮游植物的数量，可有效增加水体中的浮游动物数量，浮游动物以水体中的浮游植物为食，可防止水中浮游植物数量过多。此外，在培苗早期可合理往水体中投放菌类制剂，细菌能够和水中的浮游植物争夺营养盐，从而抑制浮游植物过度繁殖。

第三节 “熟身”病

一、发病原因

发病原因目前仍未完全明晰，在患病鱼体内常分离到弹状病毒、虹彩病毒、柱状黄杆菌以及指环虫等多种病原体，呈现混合感染的情况，一般认为该病暴发与以下因素有关：①水蛛、红虫、冰鲜等饵料未经过严格消毒，可能携带病原以及毒素，对鱼苗肝、肠道造成损伤。②投喂不当。鱼苗消化器官发育不完善，消化机能较弱，摄食过多导致肝肠受损，出现代谢障碍。③应激因素。由于天气、水质、鱼苗分筛等因素对鱼苗造成强应激，导致苗种体质变差，随着气温回升，柱状黄杆菌和寄生虫等病原体快速繁殖侵入鱼体。

二、流行情况

主要流行于每年的3—5月鱼苗驯化期间，水温在15 ~ 25℃，鱼苗全长3 ~ 4cm为发病高峰期，6cm以上发病率降低，规格越小死亡率越高，一般发病鱼的致死率超过50%，严重时超过90%。多发生于春季，天气变化大，养殖水体不稳定，特别是华南地区的“回南天”“白撞雨”等天气多，低压闷热，气温突变后发病率增高；在天气突然变化、雷雨、暴雨等强对流天气时，也容易发病，而且可能大面积暴发，造成鱼苗大量死亡。在鱼苗驯化过程中投喂过多时，发病率增高，死亡高峰期使用刺激性药物也会提高死亡率。在我国不同养殖区域和养殖模式，都会出现大口黑鲈“熟身”病的流行暴发，表现为发病快、死亡率高和治疗难度大等特征。

三、症状和病理变化

主要危害2 ~ 5cm的大口黑鲈苗种，病鱼主要症状为游动缓慢、反应迟钝、体色泛白，严重者出现烂尾现象。“熟身”病的发展过程可分为3个阶段：Ⅰ期，以肠炎和拖便为特征，即在发病的第1 ~ 2天，鱼苗黑身上浮，在水面

停滞或慢游（图6-6A），随后出现少量“熟身”鱼，部分病鱼头部发红，鱼鳍基部出血，肛门发炎、拖便等，镜检可见少数病鱼鳃部有寄生虫；Ⅱ期，以肌肉坏死的“熟身”为特征，即在第2～3天“熟身”鱼越来越多，体表的背鳍后部或整个体表褪色、发白，像煮熟的鱼肉（图6-6B），且伴随死亡率递增，在第3～4天达到死亡高峰，鱼苗出现“螺旋式”打转，解剖后发现肝发白，脾充血、肿大，围心腔淤血。Ⅲ期，以烂尾为特征，发病鱼在“熟身”的基础上出现严重的烂尾现象，柱状黄杆菌感染率较高，且治疗难度大，处理不当甚至会出现全塘死亡的情况。

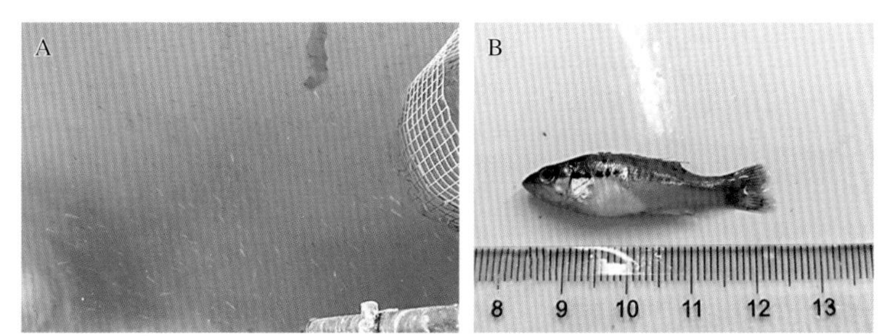

图6-6　大口黑鲈“熟身”病的临床症状

A. 鱼苗黑身上浮，在水面停滞或慢游　B. 体表褪色、发白，肌肉坏死

四、诊断

1. 临床症状诊断

发现一些鱼苗拖便，游动缓慢，反应迟钝，头部或者尾部发白，严重者大量聚集池塘边，病鱼出现肌肉坏死，且常伴有出血症状（图6-7）。

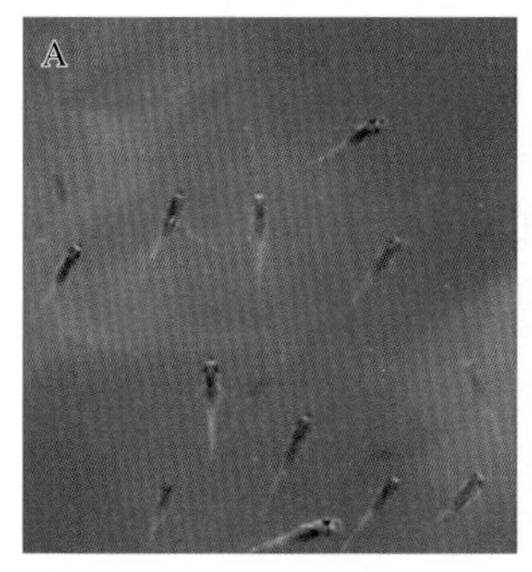

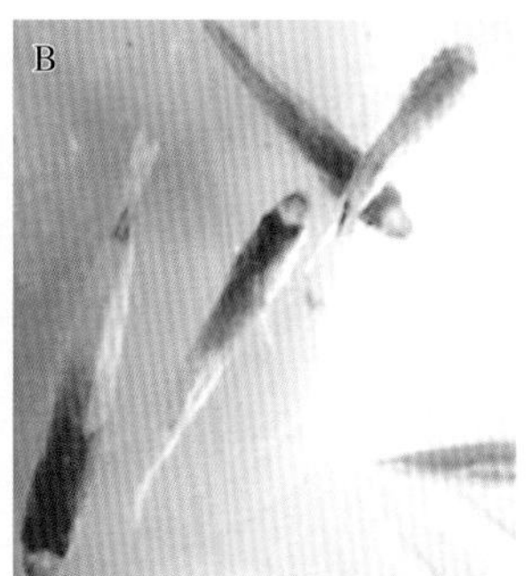

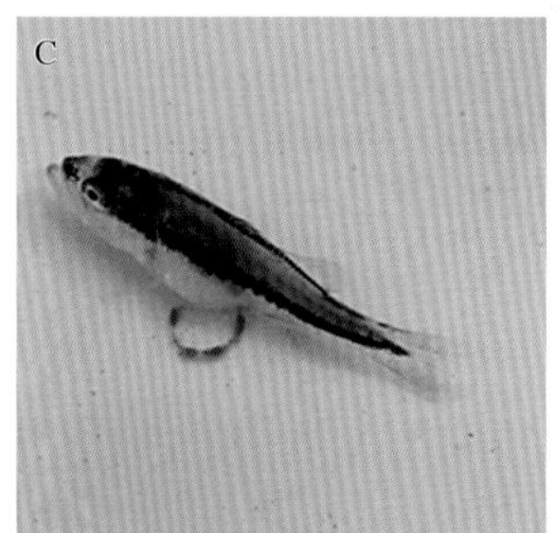

图6-7　大口黑鲈“熟身”病的诊断

A. 鱼苗游动缓慢、反应迟钝　B.“熟身”，体表褪色（引自利洋水产科技有限公司）

C. 鱼苗肌肉坏死、拖便

2. 显微镜诊断

病鱼体中常观察到车轮虫、杯体虫等寄生虫，病鱼表层肌肉或烂尾处病灶压片可观察到大量聚集成柱形的杆状细菌。

五、防治

目前无特效药能够治疗“熟身”病，要做好预防措施。

1. 放苗前准备

放苗前做好池塘培水工作，保持水质稳定，做好天然饵料（轮虫、枝角类、桡足类）的培育。

2. 减少应激

多关注天气预报，异常天气提前增氧、稳水、泼洒抗应激药物，减少应激源，做好应对措施。在拉网、筛苗和运输过程中避免密度过大、时间过长、缺氧等应激情况的发生。鱼苗驯化喂料时，注意观察鱼苗状态，加料要适量，不易投喂太饱。

3. 防止病原水平传播

培苗期间如有池塘发病后，周边的池塘容易被传染，应注意池塘间相互“过水”引起的病原水平传播；抄网等操作工具要独立分开使用，避免病原交叉感染。

4. 发病处理措施

发病初期，鱼苗开始上浮、有“熟身”症状时要减少或停止喂料，外泼抗应激产品，忌用刺激性强的药物。在发病高峰期，鱼苗打转时，要及时恢复投喂，避免由于停料太久，鱼苗体质弱，感染寄生虫或者病原菌，加重苗种死亡。死亡高峰过后，可外泼刺激性小的消毒药，内服免疫增强剂，加快育苗恢复。发病结束后要尽快过筛分塘，因发病后鱼苗规格差距明显，容易出现相互捕食的现象。

5. 增强免疫力

该病易发阶段，在鱼苗饲料中添加胆汁酸，能够促进肝的排毒，保护肝健康，提高自身免疫力和抗病力，减少病原体侵入鱼体的概率。

第四节 代谢障碍综合征

一、发病原因

大口黑鲈存在先天性糖类代谢障碍，无法氧化分解糖类产生能量，导致糖类容易蓄积，同时由于长期高投喂，配合饲料高蛋白、高油脂不易消化吸收，以脂肪形式大量累积在肝，产生代谢障碍，发病原因主要有以下几方面：

1.养殖密度过大、水体环境恶化

养殖过程中追求高产量，养殖密度过大，鱼类生长空间拥挤，造成鱼体质弱，抗病能力差。养殖密度大，投饵量和鱼类排泄量也增多，造成池塘的水质、底质恶化，当水体中的氨氮浓度过高时，鱼体内氨的代谢产物难以正常排出而蓄积于血液中，引起鱼类代谢失衡。

2.饲料变质、滥用药物

饲料氧化、酸败、发霉、变质产生的醛、酮和酸等有害物质，投喂后会对鱼类肝造成损害。饲料原料棉粕中的棉酚、菜粕中的硫葡萄糖苷、劣质鱼粉中的亚硝酸盐等有毒有害物质均能对鱼的肝、肾等组织器官造成损伤。长期在饲料中添加低剂量磺胺类等抗菌药物和使用副作用大、残留高的渔药，如敌百虫、硫酸铜等药物也会造成肝等组织损伤，引起鱼类代谢紊乱。

3.饲料营养成分失衡

饲料中蛋白质含量不合格、糖类含量偏高或长期使用动物性脂肪和高度饱和脂肪酸等，导致饲料能量蛋白比过高，易诱发肝脂肪积累，破坏肝功能，干扰鱼类正常生理生化代谢；糖类在生物体发育和能量代谢中发挥着重要作用，但肉食性大口黑鲈利用糖类作为能源的能力有限，糖类可被视为大口黑鲈潜在的“慢性药物”。饲料中脂肪或糖类的过量摄入会降低大口黑鲈的生长性能和饲料利用率，并损害肝的正常结构和功能。

4.饲料维生素缺乏

胆碱、维生素E、生物素、肌醇、B族维生素等都参与鱼体内的脂肪代谢，缺乏维生素会造成鱼体内脂肪代谢障碍，导致脂肪在肝中积累，诱发肝损伤。

二、流行情况

代谢障碍是大口黑鲈集约化养殖中常见病之一，无养殖区域差异性，在全国普遍流行，该病全年可见，尤其在高温季节（如广东的6—10月）易发病，死亡率可超过50%，常易误诊为生物性病原引起的病害。该病具有发病慢、恢复慢、无传染性和死亡率高等特点，常发生于中、大规格鱼类，当投喂量不合理或用药周期过长时，易诱发该病发生。

三、症状和病理变化

主要表现为肝肿大、肝发白、花肝、脾肿大、脾白点等临床症状，以肝贫血发白呈现“花肝状”，触碰后易碎最常见，该病的病程较长，根据症状严重程度，将其分为初期、中期、后期3个时期：

1. 初期

肝略肿大，轻微贫血，颜色变淡，胆囊颜色较暗，呈深绿色，鱼体表正常，池塘中无死鱼现象。

2. 中期

肝明显肿大，严重情况下比正常肝体积增加约1倍，肝颜色变黄发白，或呈斑块状黄红白色相间，开始出现少量死亡现象。

3. 后期

肝局部可见黄点、白点或红点，病鱼的脾明显变色，严重的出现黑色坏死。此阶段病变已由肝发展到多脏器的损伤，胆囊明显肿大，胆汁颜色呈淡黄绿色，常伴有烂鳃、烂尾、烂身、肠炎、腹腔充血等症状。鱼体免疫力下降，易受其他病原体侵袭，常被误诊为其他生物性病原引起的病害（图6-8）。

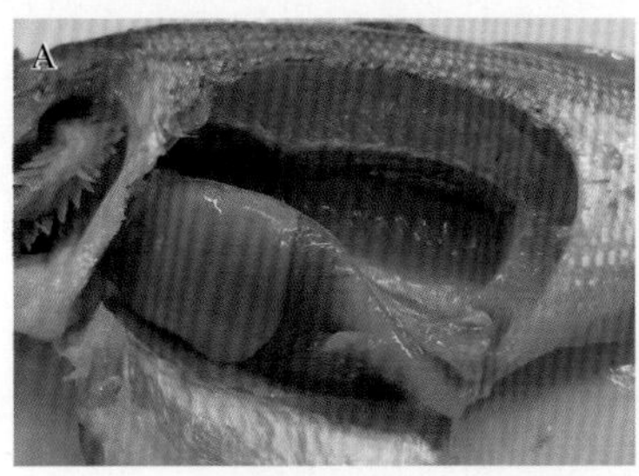

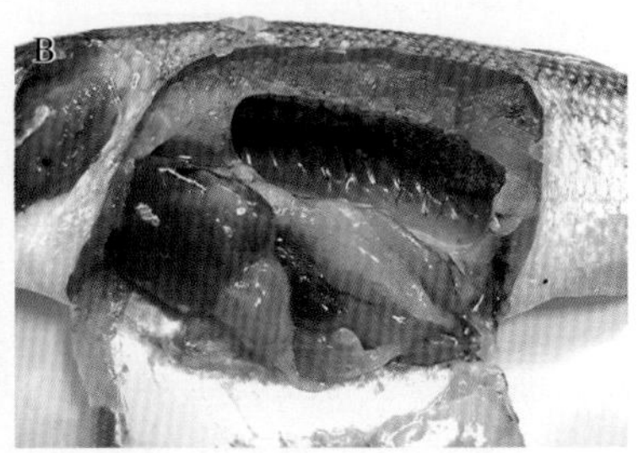

图6-8　大口黑鲈代谢障碍综合征的内脏病变

四、诊断

除了体表、鳃、眼等部位的病变检查外，解剖后应观察肝及胆囊的病变。病程初期较难判断，若肝和脾的肿大、坏死、变色明显，即可作为初步诊断依据，结合涂片镜检进行综合判断，要点如下：

1.体表症状

病鱼常运动迟缓、食欲不振，吃料下降；鱼腹部膨胀，但无明显的皮肤损伤。

2.解剖病变

肝肿大，呈现大面积黄色或白色，质地变脆、轻触易碎，部分鱼会肝出现点状或块状出血或淤血；整个内脏有明显的脂肪沉积，在幽门盲囊周围常可观察到厚的脂肪组织，胆囊肿大，胆汁颜色深绿或墨绿。组织及腹水进行涂片、镜检常可观察到密度大、活力强的点状细菌在视野内晃动（图6-9）。

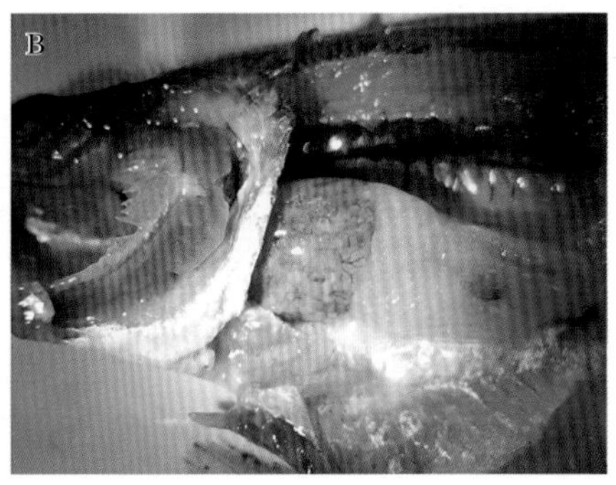

图6-9　大口黑鲈代谢障碍综合征解剖观察

A.肝肿大，质地变脆　B.肝呈现黄色和白色相间斑纹，内脏脂肪沉积

3.问诊

在放养密度过大的池塘，鱼群生长速度过快，病鱼鳍和体表某些部位会呈现发白或溃烂。询问在养殖过程中是否长期低剂量用药或大剂量（一般可达常规最高量的2 ～ 4倍）使用外用消毒和杀虫药物、内服抗菌药史，有助于辅助诊断。如有抗应激能力显著下降的鱼类，主要表现在捕捞后及运输过程，反抗挣扎和身体充血发红，出现死亡时，可作为辅助诊断依据之一。

五、防治

1. 科学管理和投喂

严格按照科学养鱼的要求，合理规划养殖密度，调水改底，合理增氧，稳定水环境；培育良好的水质，配制营养丰富而全面、品质优良的饲料，切忌过量投喂，防止饲料受潮发霉变质。

2. 添加胆汁酸

胆汁酸是胆汁的主要活性成分，在肠肝循环中，与脂肪酸结合，乳化脂肪的同时，与脂肪酸形成脂溶性复合物，使脂肪酸得以透膜吸收，以完成消化和吸收，调节糖脂代谢、防控脂肪肝。胆汁酸可有效降低大口黑鲈肝中MDA含量，提高抗氧化能力；通过提高血浆中HDL-C含量显著促进脂肪代谢，同时有效提高了肠道淀粉酶和脂肪酶活性，饲料中添加300 mg/kg胆汁酸，大口黑鲈生长速度加快。

3. 补充维生素及微量元素

发生肝胆疾病时，由于机体需要消耗大量维生素，要通过补充维生素改善鱼体的营养状态。此外，维生素增加鱼体的抗病能力，促进肝损伤的修复和肝细胞的再生，促进机体康复。在饲料中添加适量的甜菜碱、氯化胆碱、肉毒碱、甲硫氨酸、磷元素等，可以促进鱼类肝的脂肪代谢，降低脂肪在肝内的含量，对防止脂肪肝的形成有明显效果。

4. 科学用药

禁止长期在饲料中添加对鱼类肝有损害的药物，如磺胺类、喹乙醇、四环素族抗生素等，要做到合理用药，不用副作用大和残留量高的渔药，如溴氯菊酯、敌百虫、硫酸铜等，更不能用国家禁用渔药或以农药代替渔药施放于水体中。

5. 中草药防控

肝病治疗原则是解毒、补肝、强肝、疏理、消肿，促进肝细胞再生及胆功能恢复正常。可选用具有解毒护肝、疏肝理气、促进肝细胞再生的中药组成方剂防治肝病，以下处方可以参考使用：当归、白芍、丹参、郁金、柴胡、黄

芪、党参、山药、生地、泽泻、板蓝根、山楂、甘草等，该方剂具有抗脂肪肝、解毒、抗肝损伤、促进肝细胞再生和功能恢复，抑制肝硬化发生等作用。可参考鱼类肝胆综合征中后期治疗方法，首先，通过停食和降低投料量来降低肝负荷；其次，内服三黄粉和多维以改善肝功能，氟苯尼考抑制体内病原菌繁殖；最后，外用二氧化氯消毒，控制水体致病菌含量，防止继发感染细菌性疾病，此措施能有效控制大口黑鲈代谢障碍综合征。

参考文献

陈生智，谢承西，王玉群，2018. 初夏草鱼谨防鳃霉病[J]. 科学养鱼(12): 89.

但言，余凤琴，李双，等，2022. 大口黑鲈不同生长阶段肝脏脂肪沉积及脂肪代谢酶活性研究[J]. 重庆师范大学学报(自然科学版), 39(3): 14-20.

巩华，赵长臣，陈总会，等，2020. 高温季节加州鲈的病毒病防控与肝脏保健[J]. 广东饲料，29(7): 36-39.

巩华，朱宇航，吴伟东，2017. 顺德地区池塘养殖加州鲈肝胆综合征[J]. 海洋与渔业，281(9): 68-69.

李芳，2018. 鱼鳃霉病的综合防治[J]. 中兽医学杂志(6): 31.

马良骁，2021. 加州鲈热应激及其防控措施[J]. 当代水产，46(9): 64.

彭天辉，潘连德，唐绍林，2013. 大口黑鲈慢性气泡病的组织病理观察以及水体分层对发病的影响[J]. 大连海洋大学学报，28(6): 578-584.

戚瑞荣，唐绍林，崔龙波，等，2016. 罗非鱼鳃霉样真菌的显微观察[J]. 水产科技情报，43(2): 88-90.

唐绍林，2014. 夏季池塘养殖鱼类气泡病及其防治[J]. 当代水产，39(7): 68-69.

于洪波，王彩蕴，李丹，等， 2019. 鱼类气泡病的防与治[J]. 黑龙江水产，191(3): 36-37.

第七章　大口黑鲈病害绿色防控技术

第一节　疫苗及研发现状

一、渔用疫苗现状

我国水产养殖总量已多年位居世界第一，但养殖过程中病害频发、药物残留以及由此带来的水域污染问题严重制约水产养殖业健康发展，在渔业生产上急需一种经济适用、可持续发展的病害防控技术。Duff于1942年将杀鲑气单胞菌（*Aeromonas salmonicida*）的灭活口服疫苗应用于鳟，提高了实验鱼的抗体水平和免疫保护率，开创了水产动物疫病防控的新纪元。近年来，欧美等国家积极开展渔用疫苗的研制，目前全球商业化的水产疫苗数量已超过140种，疫苗商品化在鱼类病害防控中发挥了重要作用，大大减少了抗生素和化学药物在养殖鱼类上的使用量。我国水产疫苗研究工作开展较晚且发展缓慢，虽然在20世纪50年代已开始草鱼出血病土法疫苗研究，陆续超过50种，涉及近30种病原的水产疫苗种类，但目前获得国家新兽药证书的水产疫苗仅有8种，包括草鱼出血病灭活疫苗，牙鲆鱼溶藻弧菌、鳗弧菌、迟缓爱德华氏菌病多联抗独特型抗体疫苗，嗜水气单胞菌败血症灭活疫苗，大菱鲆鳗弧菌基因工程活疫苗，鳜传染性脾肾坏死病灭活疫苗，草鱼出血病活疫苗，鱼虹彩病毒灭活疫苗和大菱鲆迟钝爱德华氏菌疫苗，真正实现商品化的疫苗更少，与欧美发达国家还存在较大差距。

二、水产疫苗的种类

水产疫苗按抗病原的种类可分为细菌疫苗、病毒疫苗和寄生虫疫苗；按组成成分可分为单价疫苗、多价疫苗和混合疫苗（多联疫苗）；按疫苗制备方式可分为活疫苗、灭活疫苗（包含土法疫苗）、亚单位疫苗及生物技术疫苗等。

下面对按制备方式分类的疫苗种类进行介绍：

1. 活疫苗

目前水产活疫苗主要为用致病性减弱的病毒减毒株或变异的弱毒株制备，通过一定的方式处理使其毒力减弱，既具有免疫原性又无致病能力。接种后，这类疫苗在机体内有生长繁殖能力，接近于自然感染，可激发机体对病原的持久免疫力。活疫苗的优点是免疫效果好于灭活疫苗，不必添加佐剂，用量较小，免疫持续时间较长；其缺点是在自然条件下安全性差，可能会导致毒力的转变而在生态环境中失去控制，活疫苗储存运输不方便，且保存期短。这类疫苗包括病毒性出血败血症病毒（VHSV）的F25（21）抗热株苗、斑点叉尾鮰病毒（CCV）减毒疫苗、传染性造血器官坏死病毒（IHNV）减毒疫苗和草鱼出血症（GCRV）细胞培养的弱毒疫苗等。

2. 灭活疫苗

灭活疫苗是经理化方法将病原微生物灭活，但其仍保持免疫原性，接种后使水生动物产生特异性抵抗力的疫苗。灭活疫苗研制周期短，使用安全，易于保存，但其接种后不能在体内繁殖，因此需要接种剂量较大，免疫持续时间短，且需要加入适当的佐剂以增强免疫效果。此类疫苗包含多种组织浆灭活疫苗、弧菌灭活苗、嗜水气单胞菌疫苗、链球菌疫苗，以及欧美国家鲑鳟养殖中常用的VHS疫苗等。

3. 亚单位疫苗

亚单位疫苗是去除病原体中与激发机体保护性免疫无关甚至有害的成分，保留有效免疫原成分制作的疫苗。亚单位疫苗较全病原疫苗除去了产生不良反应的物质，副作用减少。目前，水产上研究较多的是建立在细菌外膜蛋白、脂多糖等保护性抗原免疫原性成分基础上的亚单位疫苗制备，但大部分还在试验阶段，没有商业化生产。如利用细胞肿大属虹彩病毒（RSIV）衣壳蛋白*351R*基因转化大肠杆菌，经灭活处理后注射真鲷可对RSIV感染产生良好的免疫保护作用。亚单位疫苗直接被合成或通过重组DNA技术生产，安全性好，由基因工程菌表达，不含病原的毒力因子，生产简单易控，使用时通常需添加佐剂，或与载体偶联，以增强其免疫保护性。

4. 基因工程疫苗

基因工程疫苗指应用重组DNA技术，将病原的保护性抗原基因在细菌、酵母或细胞等基因表达系统中体外表达，生产能诱导机体产生保护性免疫反应的病原蛋白质，再经过分离纯化而制备的疫苗。应用基因工程技术能制备不含感染性物质的亚单位疫苗、稳定的减毒疫苗以及多价疫苗，其兼具亚单位疫苗的安全性和活疫苗的免疫效力。目前，水产养殖上在研究应用的基因工程疫苗有IHNV、传染性胰脏坏死病毒（IPNV）、呼肠孤病毒（FRV）和鳗鱼病毒等疫苗，其中IPNV的VP2重组亚单位疫苗是目前唯一商品化的渔用重组蛋白疫苗。

5.DNA疫苗

DNA疫苗是将编码某种蛋白质抗原的重组真核表达载体直接注射到动物体内，被宿主细胞摄取并转录和翻译表达抗原蛋白，诱导机体产生非特异性和特异性免疫应答，从而起到免疫保护作用。DNA疫苗利用载体持续表达抗原，而不是直接使用抗原，与传统疫苗相比，DNA疫苗具有可诱导更全面的免疫反应、稳定性更高、生产成本低、易于大规模生产等优点，且既具有减毒疫苗的优点，又无返毒的风险，被看作是继传统疫苗及基因工程亚单位疫苗之后的第三代疫苗，已成为水产疫苗研究和开发的热点。目前，DNA疫苗主要集中在鲑鳟鱼类IHNV、VHSV、杆状病毒（SVCV）、弹状病毒（SHRV）等传染性病毒病的防治上，而挪威已批准使用一种用病毒蛋白VP3制作的可注射的抗IPN疫苗。

三、水产疫苗的接种方式

水产疫苗主要有注射、口服、浸泡3种接种方式。每种接种方式在疫病预防的实用性和成本与效益方面各有利弊，而疫苗的高效、合理的接种方式一直是水产疫苗研究的重要内容。

1. 注射法

国内外水产疫苗以注射接种免疫为主。根据注射接种部位的不同可分为肌内注射和腹腔注射2种，其中肌内注射接种是疫苗接种最常用的方法。注射免疫能有效刺激机体产生相应抗体，具有用量少、抗体滴度高、免疫持续时间长等特点，但只适合较大规格个体，易引起机体的应激反应，而且费时费力。目

前，国外已开发出专门用于注射免疫的设备，但在国内较少见。

2.浸泡法

弧菌疫苗在大麻哈鱼（*Oncorhynchus keta*）、日本鳗鲡和虹鳟的浸泡免疫中均获得了成功。浸泡免疫方法操作简单，适用于鱼苗的大规模接种，且应激作用小。但到目前为止，浸泡免疫中疫苗进入机体的路径及作用机制尚不清晰，如疫苗是通过皮肤、鳃、侧线还是其他部位进入机体，疫苗诱导的免疫是通过血液循环系统还是黏膜系统起作用等。此外，多种因素影响机体对浸泡免疫抗原的摄取，包括疫苗浓度、浸泡时间、水生动物大小、佐剂、抗原形态及水温、盐度等。

3.口服法

疫苗的口服免疫不受水产动物大小的限制，应激作用小，且操作方便、省时、省力。与其他免疫接种方法相比，口服法免疫更适合大规模养殖或分散养殖水产动物的免疫，尤其适合于多次重复免疫操作。然而，口服疫苗在实际应用中易受胃肠道消化酶的消化，破坏抗原免疫原性。因此，有关口服疫苗的研究主要集中在探索有效的载体投递系统，避免疫苗受消化酶及酸环境的影响。采用海藻酸盐、聚乳酸-羟基乙酸共聚物（PLGA）等可降解的生物高分子材料包裹疫苗可对鱼体产生较好的免疫效果。最近，口服微球缓释疫苗在饲料和水生动物胃肠道中保持抗原稳定性的研究也已取得重要进展。

四、大口黑鲈疫苗研究概况

大口黑鲈遭受多种生物性病原的侵害，开展相关病原疫苗的研究十分必要。诺卡氏菌病是大口黑鲈的重要病害，用抗生素治疗的效果有限。国内外学者正在探索开发鰤诺卡氏菌疫苗。有研究表明，用混有弗氏不完全佐剂的鰤诺卡氏菌灭活疫苗免疫大口黑鲈，其溶菌酶活性并未显著升高，且在多次免疫后并未对鱼体产生较好的免疫保护作用。但国内学者制备的鰤诺卡氏菌灭活疫苗能够诱导大口黑鲈发生非特异性免疫应答反应，提高其免疫因子的活性，可获得60%的相对免疫保护率。我国台湾的鰤诺卡氏菌疫苗研究课题组利用原核表达技术，制备了10多种免疫相关蛋白亚单位疫苗，对大口黑鲈免疫后，发现免疫保护效果存在较大差异，以*Hrp1*基因为靶标制备的DNA疫苗可获得80%的免疫保护率，而大多数疫苗免疫保护效果则不显著。在大口黑鲈其他细菌疫苗研究方面也有一定的基础，国外研究者制备的柱状黄杆菌弱毒疫苗，对出膜后10 d的大口黑鲈进行免疫，可获得94%的免疫保护率，对于大口黑鲈柱状杆菌病具有较好的防控作用；国内的研究者以外膜蛋白制备嗜水气单胞菌亚单位疫苗，免疫大口黑鲈后的血清抗体显著提高，但相对免疫保护率并不理想。

已有大量关于大口黑鲈虹彩病毒疫苗的研究报道，主要集中在灭活疫苗、亚单位疫苗和DNA疫苗研制方面，如制备的LMBV灭活疫苗，免疫大口黑鲈后可提高抗体效价和非特异免疫力，获得近90%的免疫保护率，表明该疫苗具有较好的开发价值和应用前景。但根据大口黑鲈虹彩病毒的*MCP*基因构建重组蛋白亚单位疫苗，并未获得理想的免疫保护率。有学者进一步以*MCP*基因为靶标，制备DNA疫苗，其对大口黑鲈的免疫保护率达到62.5%，起到一定的免疫保护作用。目前，大口黑鲈虹彩病毒尚无商品化的疫苗，在疫苗制备过程中存在细胞培养病毒滴度不高、灭活不当影响其免疫原性、灭活检验方法烦琐等技术难题。

大口黑鲈弹状病毒疫苗研究以减毒疫苗和灭活疫苗为主。有学者研究显示，减毒疫苗对大口黑鲈具有较高的免疫保护率，但是减毒疫苗存在着毒力回复的可能，在实际生产应用中会带来一定风险。在亚单位疫苗方面，研究者通过MSRV特定蛋白结构设计的疫苗可有效预防MSRV对大口黑鲈的感染；另有研究者通过大肠杆菌重组表达MSRV的G蛋白制备亚单位疫苗，利用碳纳米管作为疫苗载体对G蛋白进行递送，采用浸泡免疫的方式对大口黑鲈进行免疫，对免疫4周后的大口黑鲈进行攻毒，免疫保护率达到了70.1%，相比单独浸泡G蛋白39.5%的相对免疫保护率有显著提升。为了提高疫苗的浸泡免疫效果，采用细菌纤维素可降解的有机材料制备纳米纤维素，通过制备工艺优化、构建纳米纤维素包裹的弹状病毒G2蛋白颗粒疫苗（图7-1），具有显著的免疫保护效果，可实现对MSRV的有效防治。MSRV的DNA疫苗的免疫保护率不高，且对鱼类病害防控来说相对成本较高，还存在潜在的风险等问题。

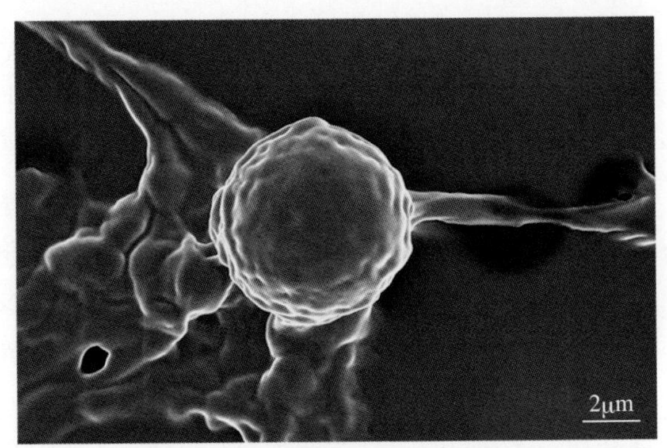

图7-1　纳米颗粒疫苗的表面形态

（引自Xu et al., 2022）

第二节 中草药

中草药在我国历史悠久，因其副作用小，被认为是天然绿色无公害的药物。中草药可以提高水产动物抗病能力和免疫机能，主要表现形式通常为抗微生物活性和促进机体免疫器官的生长发育和提高动物机体的特异性、非特异性免疫应答。中草药因其无污染、无毒性、无残留物、无耐药性等特性，在水产养殖业上已经得到广泛应用。

一、中草药对大口黑鲈病原菌的抑制作用

1. 中草药的抑菌作用

一些中草药对大口黑鲈病原菌具有较强的抑制作用。研究显示，乌梅和石榴皮对大口黑鲈源普通变形杆菌体外抑菌效果较好，乌梅最小杀菌浓度为15.60mg/mL。五倍子、乌梅和地榆对大口黑鲈源嗜水气单胞菌的最小抑菌浓度低于15.60mg/mL，具有良好的抑菌效果。厚朴酚可显著抑制鰤诺卡氏菌在大口黑鲈组织内增殖，提高被感染鱼的存活率。小茴香和青蒿提取物拌料投喂后能增强大口黑鲈的超氧化物歧化酶等抗氧化酶活性，显著增加肠道绒毛数量，提高肠道内的乳酸杆菌和肠球菌丰度，同时显著降低潜在的致病菌数量。

2. 中草药抗菌机理

中草药的抗菌机理包括抑制细菌DNA和蛋白质的合成，还可损伤细菌细胞膜等方面。

（1）*许多中草药可以直接破坏细菌的菌体结构，抑制细菌的代谢，从而发挥抗菌和保健作用*　清热解毒类中草药可干扰细菌的呼吸和代谢，具有直接抑菌或杀菌作用；黄连素可与细菌的DNA形成复合物，从而影响DNA的复制，抑制细菌的繁殖；巴西苏木素是巴西苏木乙醇提取物的主要抗菌成分，该物质可抑制变形链球菌生物膜的形成；小檗碱是黄柏的主要抗菌成分，其可通过细菌的细胞膜进入菌体内，进一步干扰细菌DNA合成，发挥其抑菌作用；金银花作用于细菌的细胞壁，阻碍胞壁的合成；黄柏可抑制细菌的呼吸作用，降低细菌核糖核酸（RNA）的合成效率。此外，连翘、蒲公英、败酱草、牛至、板蓝根、牛黄、大蒜、辣椒、艾草等中草药具有直接抗菌作用。

（2）*中草药通过抑制细菌生物膜形成而发挥抗菌作用*　细菌黏附于物体表

面后分泌出多糖基质和脂蛋白，在相互粘连作用下将细菌聚集于中央而形成膜状的细菌生物膜。细菌生物膜形成是动态的，主要经过黏附定植作用、成熟发展阶段和被膜脱落散播等阶段，该过程受细菌群体感应系统调控，调节细菌分化，改变细菌的耐药水平，可使细菌躲避中草药的杀伤作用。大黄可消除细菌生物膜形成过程，降低其耐药性；黄芩苷是群体感应系统抑制剂，可改变细菌的基因表达和蛋白质的合成，影响生物膜的形成；黄芩素可阻断多糖细胞间黏附素的合成进而影响细菌生物膜的合成。银杏酚酸可影响变形链球菌的生长，对唾液的黏附过程、生物膜的形成和毒力因子的表达具有抑制作用。中草药成分的多样性和复杂性制约着水产药物的开发和利用，而中药单体分离纯化技术不断发展和完善进步，在解析中草药的抗菌机理方面将发挥重要作用。

3. 中草药对细菌耐药性消除作用

质粒（Plasmid）是细菌染色体外具有遗传功能的双链去氧核糖核酸，携带有耐药性基因的质粒，耐药质粒可通过细菌之间的接合作用进行传递，故称传递性耐药质粒，简称R质粒。中药对细菌耐药性消除从而实现抗菌作用，主要包括对细菌质粒的清除作用、抑制菌体酶活性和外排泵系统等方面。R质粒在细菌内稳定存在，细胞分裂时复制使自身携带耐药质粒，加速耐药菌的传播。常见的耐药基因和质粒消除手段包括化学方法、物理方法和中药方法。化学方法主要以十二烷基硫酸钠作为消除剂，一方面作用于菌株内膜蛋白，破坏质粒与膜的结合位点，另一方面进入细胞质中，造成质粒相关蛋白质失活，阻碍质粒的复制和分配过程；物理方法包括高温和紫外线辐照等，破坏细菌质粒DNA发生变性和损伤，消除质粒。中药方法可以消除R质粒和耐药基因。清热解毒类中药对R质粒的清除作用较大，黄连素可以去除埃希菌的R质粒和金黄色葡萄球菌质粒。黄芩汤可使大肠杆菌和沙门菌丢失2 ~ 3个质粒条带，乌梅和黄芩可以消除大肠杆菌耐药基因，提高药物敏感性。化学与物理方法具有一定的局限性，中药消除作用不会产生药物残留和耐药性，具有广阔的应用价值。

二、中草药增强大口黑鲈免疫和抗病毒作用

利用MTT比色法和RT-PCR法对黄芪多糖、白花蛇舌草、金银花、葡萄糖酸锌、板蓝根、白芍、连翘及黄藤素进行抗弹状病毒活性分析，发现黄芪多糖抗MSRV效果最好，其可抑制弹状病毒在大口黑鲈体内复制，最高阻断率和抑

制率分别为59.13%和21.64%，中和率为105.46%。同样，败酱草、紫花地丁和金银花也可对大口黑鲈蛙虹彩病毒产生不同程度的抑制作用。中药单体药物活性成分白屈菜红碱对大口黑鲈蛙虹彩病毒也表现出抗病毒作用。利用活性追踪法从黄连分离的成分巴马汀是一种较好的抗病毒化合物，对大口黑鲈蛙虹彩病毒感染的保护率为50%。中草药及其活性成分的抗病毒途径可分为直接途径和间接途径。直接途径指中草药及其活性成分在病毒感染周期直接抑制病毒感染和增殖，灭活病毒、阻断病毒与细胞表面受体的结合、抑制病毒复制（蛋白酶抑制剂、病毒聚合酶抑制剂和整合酶抑制剂等）和抑制病毒从细胞释放等过程。黄连对蛙虹彩病毒感染具有抑制作用，病毒感染的大口黑鲈肝和脾组织出现炎症反应且伴随细胞坏死和间质纤维组织增生，通过黄连治疗后，肝和脾组织病理损伤显著减轻（图7-2）。间接途径指中草药及其活性成分通过影响细胞或机体分泌干扰素和免疫因子，提高机体抗病毒能力。黄芪和淫羊藿等通过间接作用增强机体免疫水平，激活免疫系统实现抗病毒作用；内服三黄散、金银花、板蓝根和蒲公英可提高机体免疫力；龙胆泻肝散和小柴胡散等具有清热解毒功效，增强鱼体免疫能力，降低肝脏应激水平。

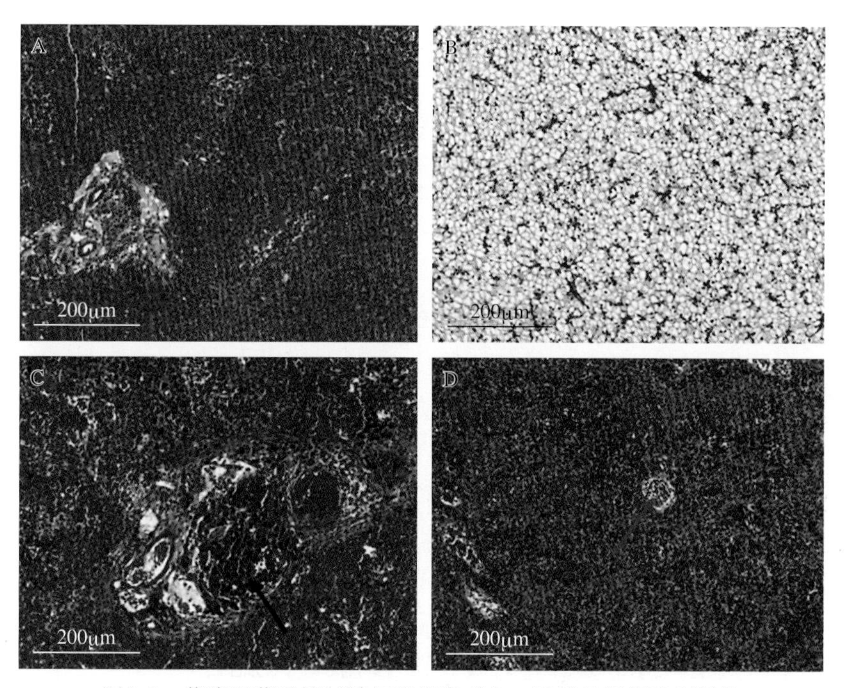

图7-2 黄连用药后抑制蛙虹彩病毒对大口黑鲈的组织病理损伤

A.病毒感染的肝 B.黄连用药后的肝 C.病毒感染的脾 D.黄连用药后的脾

（引自李秋语等，2022）

第三节　微生物制剂

微生物制剂是从天然环境中选育出的微生物菌体经培养繁殖后制成的含有大量有益菌的活菌制剂。常见微生物制剂包括光合细菌、芽孢杆菌、乳酸菌、酵母菌、反硝化细菌和硝化细菌等单一细菌和它们相互组合的复杂细菌（图7-3）。微生物制剂在水产养殖中用途广泛，既可作为饲料添加剂增强水生动物免疫，发挥抗病作用，又可作为水质调节剂，改善水质，防止养殖水体恶化，阻断病原生物的传播。

一、微生物制剂的作用机制

微生物制剂泼洒至水体后，能快速在养殖水体中占据优势并抑制其他菌群生长从而获得生存空间。微生物制剂中的活菌群适应性广、繁殖力强，对于受污染及富营养化的池塘，可以通过有益菌群的大量繁殖控制有害菌及有毒物质的数量，达到养殖水体的生态平衡状态。微生物制剂进入水生动物肠道中，形成优势种群后，可促进养殖动物对饵料的吸收和转化率，增强机体的抗病力，形成良性生态循环，促进水生动物健康生长。

二、微生物制剂可改善大口黑鲈肠道微环境

微生物制剂中的有益菌通过养殖动物胃肠道发挥作用，在实际生产应用中，微生物制剂必须能够适应胃肠道环境，才能更好地发挥其生物学功能。拌饲2%的光合细菌，能改善大口黑鲈肠道稳态，显著降低鱼体发病率。乳酸菌通过定植于宿主肠道，降低微环境的pH，抵御病原菌入侵，能预防大口黑鲈肠炎和白便等疾病。枯草芽孢杆菌、植物乳酸杆菌和酿酒酵母提高大口黑鲈幼鱼的抗氧化等非特异性免疫能力，有效抑制嗜水气单胞菌的感染。芽孢杆菌可以产生抗弧菌物质，抑制弧菌产生，可实现去除毒素，吸收氨氮和硫化氢等作用。唾液乳杆菌对大口黑鲈肠道微生态具有调节作用，可通过提高有益菌丰度，减少有害菌累积，促进功能性代谢物产生，增强机体抗氧化能力。同样，干酪乳杆菌和植物乳杆菌能够调节肠道菌群结构，促进鱼体生长，增强机体免疫。植物乳杆菌作为新型饲料添加剂，能够促进大口黑鲈肠道的消化吸收效率，改善肠道内的微生物环境，提高大口黑鲈生长性能和抗病能力。

利用微生物制剂拌饲投喂，可增强大口黑鲈对饵料的消化吸收能力，改善

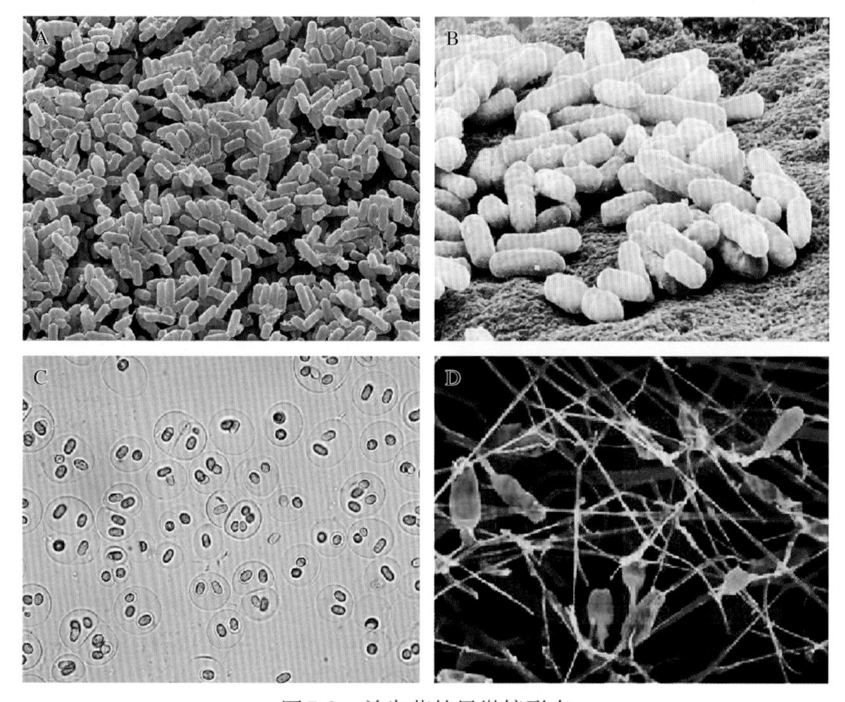

图7-3　益生菌的显微镜形态

A.枯草芽孢杆菌　B.乳酸杆菌　C.光合细菌　D.硝化细菌

（引自Steve Gschmeissner）

机体健康状态，这是常规药物无法达到的。枯草芽孢杆菌能改善大口黑鲈幼鱼生长率和提高机体的免疫力，减少肠道有害菌群。在饲料中添加复方中草药发酵制剂粉剂能够提高大口黑鲈免疫力，增强抗氧化能力，促进脂肪代谢，且不会影响其生产性能。酵母菌和乳酸菌等益生菌可分泌乳酸，促进鱼体胃肠道吸收，降低肝的压力，酵母含有大量甘露聚糖和葡聚糖等物质，可以提高肝的活力，乳酸菌产生B族维生素，能够促进肝物质同化，但是使用过程中需注意益生菌能否与抗菌药物共同使用。

三、微生物制剂改善大口黑鲈养殖环境

微生物制剂泼洒到养殖水体中，能迅速繁殖，形成对养殖动物有益的优势种群。这些有益菌群能够抑制水中有害病原菌的生长，维护水体生物群落的生态平衡，减少养殖过程中病害发生概率。有益菌在水体中能分解大口黑鲈的排泄物、残饵、残体、化学药物等，降低水体氨氮和亚硝酸盐等有害物质浓度。水体中有机物分解后，为浮游植物的生长繁殖提供营养物质，这些浮游植物的光合作用，又为养殖动物提供氧气，从而有效地改善了水质。在大口黑鲈

养殖系统中添加硝化菌、芽孢杆菌和EM微生物环境改良剂能够明显改善养殖水体的水质，同时随着碳氮比的改变，养殖水体和底泥中细菌群落发生明显变化，从而增加水体微生物物种多样性，调节水体菌群结构，降低致病菌群的丰度，使养殖水体的生态系统稳定性有所提高；复合微生物可降低池塘养殖的负荷，有利于养殖水体的原位修复。半固态高活性复合微生态制剂对大口黑鲈养殖池塘水质具有显著的改善和净化效果，提高养殖水体中异养细菌的总量，降低致病菌数量，抑制蓝藻的发生，稳定水质。研究发现，使用混合微生物制剂修复养殖水体，其效果远优于单一菌种。微生物制剂除了能够改善水质，还能够改善养殖水体中的生物群落结构，影响水体中的生物因子，促进养殖动物生长。此外，大口黑鲈养殖水体中的氨氮和亚硝酸盐含量等指标，通过使用微生物制剂能够得到改善，亚硝化细菌将水体中氨氮转化为亚硝酸氮，硝化细菌将亚硝酸氮氧化为无害的硝酸氮，实现降解作用，反硝化细菌是一类能将硝态氮（NO_3^--N）还原为气态氮（N_2）的细菌群，可降低底泥中硝酸盐含量，防止水质由于天气的改变而恶化。有益硝化细菌会稳定大口黑鲈养殖水体pH，降低水体亚硝酸盐浓度，减缓总氮上升含量，可有效去除底质沉积物全磷和有机物。

四、微生物制剂使用注意事项

在使用微生物制剂时，应当明确以下几点：①确认微生物制剂的类型，按照产品说明书规范操作，合理控制其用量、时间和使用方法；②好氧类微生物制剂使用前，及时给水体增氧；③拌饲投喂时，参照说明书稀释后喷洒于饲料表面，使得其被充分吸收；④在浸泡稀释时，避免紫外线照射，投放有机肥料前用生石灰发酵；⑤避免与化学药物和抗生素药物（包括中草药）同时使用。

第四节　免疫增强剂

免疫增强剂主要通过增强鱼类非特异性免疫应答来提高机体的免疫能力。免疫增强剂可激活吞噬细胞的吞噬作用和杀伤作用，激活淋巴细胞并刺激抗体的产生。通常免疫增强剂无药物残留，无耐药性，对动物无毒副作用，因此在水产养殖中得到广泛应用。近年来，国内对鱼类免疫增强剂的研究热度不减，主要集中在微生物来源免疫增强剂、动植物来源免疫增强剂、营养因子类免疫增强剂来源3大类。

一、微生物来源免疫增强剂

1.细菌多糖

细菌细胞壁中的肽聚糖可作为鱼类良好免疫增强物质。在饲料中添加肽聚糖能提高鱼类生长性能和非特异性免疫能力，是一种安全高效的口服免疫增强剂。肽聚糖与疫苗联合使用，可以显著提高鱼体表黏液和血清溶菌酶活性、白细胞吞噬活性、抗体效价及免疫保护率，是疫苗的良好佐剂。脂多糖存在于所有革兰氏阴性菌外膜中，当脂多糖免疫鱼体后，既可使鱼体产生对该种病原微生物的特异性免疫保护，又可增强鱼体单核吞噬细胞系统的活性及其他抗菌因子的活性。

2.微生物发酵产物

芝芪菌质是利用药用真菌新型双向性固体发酵技术，以灵芝作为发酵菌种，添加黄芪而得到的一种发酵产物，它含有多种多糖类、核苷酸类、生物碱、三萜类化合物等生物活性物质，并且无污染、无公害、无毒副作用。研究发现，将不同剂量的芝芪菌质添加到鱼类基础饲料中，芝芪菌质能够促进鱼头肾及脾中酸性磷酸酶、碱性磷酸酶、超氧化物歧化酶、溶菌酶的活性，进而提高机体的非特异性免疫能力，这可能与芝芪菌质含有多种生物活性成分有关。

3.酵母培养物

酵母培养物是一种成分复杂、营养丰富的微生态制品。不仅含有多种功能成分，而且还有能够促进机体生长发育的"未知生长因子"。对水产养殖动物来说，酵母培养物作为一种新型饲料添加剂，能促进肠道黏膜细胞的生长，并提高微绒毛密度，扩大营养吸收面积，能够改善饲料适口性，能提高水产养殖动物生长性能。酵母培养物中的有机酸和甘露寡糖可以改善原有的微生物群落组成，增加有益菌的定植，并通过与病原体竞争黏蛋白或上皮细胞结合位点的共生体，防止有害菌的定植，从而修复受损的菌群结构，通过调节机体免疫防御机制改善肠道健康减少病害的发生。添加酵母培养物能显著改善摄食高淀粉饲料后大口黑鲈肠道绒毛稀疏、长度短小、肌层细薄、杯状细胞稀少的退行性变化；同时，还可提高肠道抗炎因子（IL-10、TGF-β1）的相对表达量，降低促炎因子（IL-8、IL-1β）的相对表达量。饲料中添加3%酵母培养物后，大口黑鲈肝外观恢复红润且肝细胞排列整齐、空泡化情况得到一定程度的改善，显著提高大口黑鲈肠道益生菌（乳酸菌）的丰度，降低潜在致病菌（弧菌、短单胞菌）的数量（图7-4）。

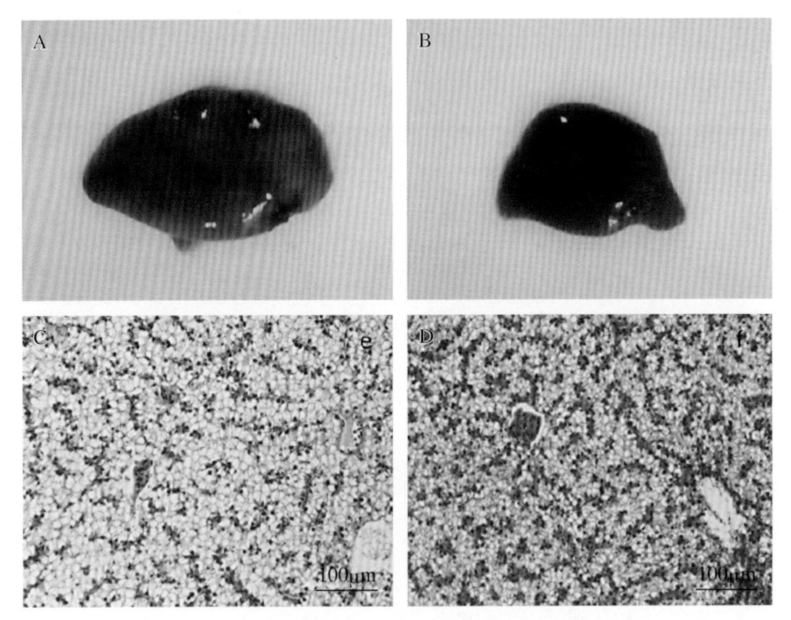

图7-4　酵母培养物对大口黑鲈肝脏组织结构的影响

A、C.为对照　B、D.为添加3%酵母培养物

（引自Xu et al.，2021）

二、动植物来源免疫增强剂

1.β-葡聚糖

葡聚糖普遍存在于各种真菌、植物和动物中，因此从自然界生物中获取是最有效的方式。根据葡聚糖中的糖苷键，可以分为α-葡聚糖和β-葡聚糖。α-葡聚糖属于直链淀粉结构，没有生物活性，而β-葡聚糖具有复杂结构和多种生物活性，具有抗炎、抗癌、免疫调节等功能。研究表明，非谷物类β-葡聚糖的生物活性比谷物类β-葡聚糖更高，藻类被认为是一种新型β-葡聚糖来源。β-葡聚糖能够有效激活水产动物的免疫功能，提高多种酶活性，增强对病原菌的抵抗能力。添加300mg/kg的β-葡聚糖能够增强大口黑鲈血清溶菌酶活性，改善肝组织结构，能够提高大口黑鲈肠道中有益菌的相对丰度，降低大肠志贺杆菌、大肠杆菌和炭疽杆菌等有害菌的相对丰度，从而改善肠道微生态环境，维持肠道免疫功能，提高对舒伯特气单胞菌的抵抗力（图7-5）。

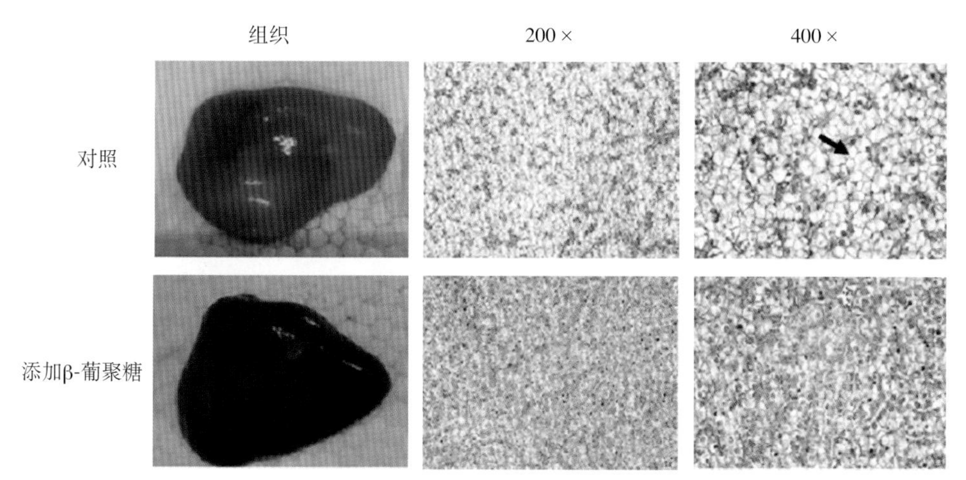

图7-5 饲料中添加β-葡聚糖对大口黑鲈的肝组织病理学的影响

（引自郭明瑜，2022）

2. 姜黄素

姜黄素是一种极具生理活性的物质，主要从植物莪术、姜黄、郁金中提取。姜黄素包含了2个邻甲基化的酚以及1个β-二酮功能基团，这种结构特性与其多种生物活性作用高度相关，且其色泽稳定、几乎无毒，具有抗氧化、抗炎、消除自由基、增强免疫、促进消化等作用。近年来，姜黄作为一种功能性饲料添加剂应用已引起了一些业界关注。虽然姜黄作为渔用饲料添加剂应用的报道较少，但姜黄对于鱼类的肝损伤修复、肠道酶活力及对鱼体着色效果明显。研究发现，添加60mg/kg的姜黄素可显著提高大口黑鲈血液中白细胞数量，刺激机体产生免疫反应，提高机体免疫功能。姜黄素可降低血清中谷草转氨酶和谷丙转氨酶活性，对肝有一定的保护作用，这可能与姜黄素中具有的二酮和酚羟基基团有关，这种特有结构能够有效清除氧化自由基，提高机体的抗氧化能力。姜黄素可有效缓解大口黑鲈肝炎症，其通过抑制一氧化碳和活性氧信号的释放，从而减少中性粒细胞的渗漏，直接调控巨噬细胞或抑制核转录因子信号通路，减少炎症因子的释放，从而缓解炎症反应。

3. 绿原酸

绿原酸是苯丙素类化合物，主要从忍冬科植物的花中提取，如杜仲、金银花、咖啡和向日葵等。绿原酸作为杜仲主要的活性成分，具有抗炎抗菌、促进脂质代谢、抗肿瘤、增强抗氧化能力等多种生物活性。近年来，绿原酸在水产养殖中的研究已有报道，其对水产动物也同样具有多种生物学功效。在饲料中添加绿原酸饲喂水产动物，提高机体超氧化物歧化酶（SOD）、谷胱甘肽过氧化物酶（GSH-Px）、过氧化氢酶（CAT）等抗氧化酶活性以及低盐和高亚硝酸盐胁迫的抗性。在饲料中添加400mg/kg绿原酸，可通过提高鱼类肌肉中胶原蛋白、水解氨基酸含量，降低脂肪含量，改变肌纤维结构，从而改善肌肉品质。在饲料中添加0.5g/kg黄连素和0.5g/kg绿原酸，可显著提高水产动物的吞噬活性、抗菌活性和溶菌活性，增强了免疫能力。

4. 甲壳素

甲壳素又称几丁质，广泛存在于昆虫、甲壳动物等的外壳及真菌的细胞壁中。甲壳素脱去乙酰基成为壳聚糖，又称壳多糖。壳聚糖可生物降解，其代谢产物无毒，具有抗微生物活性、激活淋巴细胞、提高免疫力、调节脂肪代谢和降低血脂、胆固醇等多种生理功能。在饲料中添加壳聚糖可以提高鱼类吞噬细胞活性，增强其非特异性免疫功能。在饲料中添加适量的壳聚糖，能使鱼类各种组织溶菌酶活性和白细胞吞噬活性增高，壳聚糖能激活水解酶的活性，增强机体抗感染能力。壳聚糖溶液注射或浸泡鱼体后，血液的一些免疫指标，如杀菌活力、过氧化酶活性和IgM浓度均显著提高，显著增强对病原菌感染的抵抗力。

三、营养因子类来源免疫增强剂

1. 维生素A

维生素A是具有视黄醇生物活性的一类化合物的统称，常见的有维生素A_1和维生素A_2两种形式。维生素A_1为视黄醇，维生素A_2为3-脱氢视黄醇。维生素A在动物体内具有3种活性形式：视黄醇、视黄醛和视黄酸。维生素A对于鱼类与其他脊椎动物有类似的生理功能，是机体所必需的营养物质之一，其对鱼类的生长、上皮组织的分化、视觉功能、繁殖以及免疫等方面都具有重要作用。大口黑鲈对饲料中维生素A最适需求量为2 600 ～ 3 550IU/kg，添加适量维生素A可提高鱼体肝总超氧化物歧化酶活性、血清溶菌酶活性、头肾白细胞呼吸暴发活性、血清补体活性及血红蛋白含量。

2. 维生素C

维生素C是一种活性极强的还原剂，在生物体内可作为受氢体，也可以作

为供氢体，此外还可以作为辅酶，因此维生素C广泛参与机体生命活动的各种氧化还原过程；维生素C还参与血红蛋白、硫基、铁离子、谷胱甘肽、叶酸等许多物质的还原作用并且也参与氨基酸、胆固醇等代谢物的羟基化作用，从而对骨骼、皮肤发育起作用。维生素C在细胞氧化、胶原蛋白的形成、铁离子由血浆到组织器官中的转运过程、机体免疫、抗体形成中均起着非常重要的作用。饲料中的维生素C水平能够显著影响大口黑鲈生长及免疫相关的各项指标，其血清、肝及肌肉中的维生素C含量和饲料中维生素C的添加水平呈正相关，肌肉和肝中的SOD、CAT、谷胱甘肽还原酶（GSH）和GSH-Px的酶活力以及总抗氧化能力（T-AOC）均随着饲料中维生素C添加量的提高显著性增强。

3.维生素D

维生素D在维持动物机体正常生长发育、调节钙磷代谢平衡、增强动物体免疫系统和调控基因表达等方面起着重要作用。动物体自身合成的维生素D不能满足其自身生长需求，因此需要通过摄食获得，维生素D对于动物骨骼正常钙化来说是一种必需微量元素，维生素D主要存储于肝和脂肪组织中。饲料维生素D3含量的改变对大口黑鲈肠道菌群结构可产生显著影响，维生素D3的缺乏与过量都会降低大口黑鲈肠道菌群的丰富度，而添加适量的维生素D可以增加大口黑鲈肠道菌群的丰富度，提高其增重率和特定生长率，降低饲料系数，增强三大营养物质的代谢效率。

4.维生素E

维生素E为一类化学结构相似的酚类化合物，在清除自由基、维护生物膜结构、抗氧化、增强机体免疫力、增强抗病力等方面具有非常重要的作用。研究发现，鱼类自身不能合成维生素E或合成的量太少，不能充分满足机体的需要，必须从外界摄入（通常是饲料）以维持机体的生长、繁殖和健康。饲料中维生素E 缺乏或不足时，容易导致鱼体出现一系列缺乏症，如红细胞生成障碍、贫血、组织水肿、皮下出血、肝和肌肉退化等。在大口黑鲈饲料中添加160mg/kg维生素E，能在一定程度上减轻鱼油氧化带来的负面影响，当人工配合饲料中的维生素E的添加量为63.33 ~ 69.44mg/kg时，可促进大口黑鲈的生长，提高饲料蛋白质效率，降低血清中丙二醛水平，保持抗氧化酶活性稳定。

5. 维生素K

维生素K是一种脂溶性维生素，是谷氨酰羧化酶（GGCX）羧化反应的辅助因子，GGCX可以将维生素K依赖蛋白的谷氨酸残基羧化为γ-羧基谷氨酸。维生素K促进凝血酶原（凝血因子Ⅱ）的合成，并调节其他3种凝血因子（凝血因子Ⅶ、Ⅸ和Ⅹ）的合成，从而促进凝血，因此又被称为凝血维生素。饲料中添加适量的维生素K_3可以提高大口黑鲈的生长性能、血液凝血能力、钙含量和抗氧化能力，同时可改善肌肉氨基酸组成、蛋白质和脂质代谢。

6. 胆汁酸

胆汁酸是胆汁的主要功能成分，是以胆固醇为原料在肝中合成的。胆固醇在肝通过经典途径和替代途径合成初级胆汁酸后进入肠道中，在肠道微生物的修饰下形成次级胆汁酸。1/3的胆固醇分解代谢是通过胆汁酸合成实现的，所以胆汁酸在调节肝胆固醇稳态方面作用显著。从胆汁酸发挥促生长作用的途径来看，主要通过保护鱼类肠道健康，提高肠道消化酶的活性来实现。另外，胆汁酸还能通过调节脂质代谢减少机体脂肪沉积，保护机体健康，从而促进鱼类生长。近年来，胆汁酸已作为饲料添加剂在水产养殖中用于肝病治疗。高淀粉会导致大口黑鲈肝组织结构模糊，肝细胞严重损伤，细胞核缺失，而添加胆汁酸后肝细胞核会变清晰，细胞界限明显且排列整齐（图7-6），SOD 的相对表达量上调，能显著降低血浆中ALT、AST和ALP 活性（表7-1），促炎症细胞因子NF-κb、TNF-α 和IL-8的相对表达量显著降低。

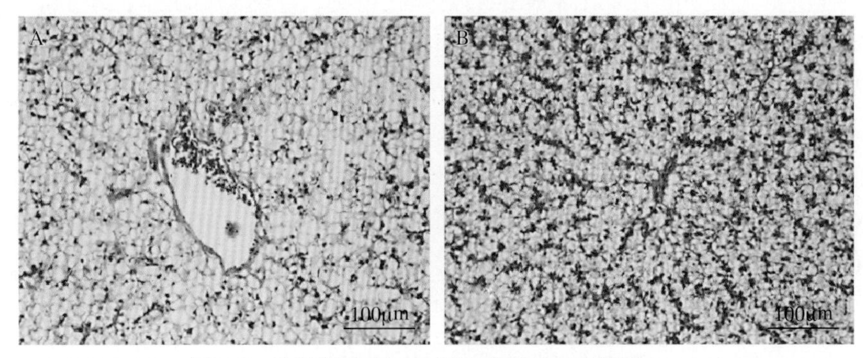

图7-6　胆汁酸对大口黑鲈肝组织形态的影响

A.高淀粉组肝切片　B.胆汁酸组肝切片

（引自郭佳玲，2021）

表7–1 胆汁酸对大口黑鲈血浆生化指标的影响

（引自郭佳玲，2021）

项目	低淀粉组	高淀粉组	胆汁酸组
谷丙转氨酶（IU/L）ALT	4.12 ± 0.41^{a}	8.28 ± 0.52^{b}	2.86 ± 0.27^{a}
谷草转氨酶（IU/L）AST	29.60 ± 2.37^{a}	49.52 ± 4.86^{b}	20.36 ± 1.22^{a}
碱性磷酸酶（IU/L）ALP	51.42 ± 2.71^{a}	72.35 ± 1.76^{b}	46.95 ± 0.96^{a}
葡萄糖（mmol/L）GLU	2.47 ± 0.17^{a}	6.60 ± 0.15^{c}	4.97 ± 0.48^{b}
甘油三酯（mmol/L）TG	15.73 ± 0.41	13.94 ± 0.69	16.67 ± 1.61
总胆固醇（mmol/L）TC	7.34 ± 0.18	7.55 ± 0.25	7.11 ± 0.29

参考文献

陈旭，梁旭方，李姣，等，2020. 硝化细菌对加州鲈池塘水质影响及底质净化作用[J]. 水生生物学报，44(2): 399-406.

郭佳玲，2021. 胆汁酸、桑叶及紫苏油对高淀粉诱导大口黑鲈肝脏损伤的改善作用[D]. 重庆：西南大学.

郭明瑜，2022. 饲料中添加藻源性β-葡聚糖对大口黑鲈生长、非特异性免疫及肠道微生态的影响研究[D]. 浙江：浙江海洋大学.

杭小英，袁雪梅，吕孙建，等. 2021. 抗大口黑鲈弹状病毒中草药的筛选及抗病毒效果[J]. 江苏农业科学，49(14): 155–159.

李秋语，黄小红，郝贵杰，等. 2022. 抗大口黑鲈（*Micropterus salmoides*）蛙虹彩病毒药效模型的构建及其抗病毒中药筛选[J]. 海洋与湖沼，53(6): 1513–1522.

王玉堂. 2013. 疫苗在水产养殖病害防治中的作用及应用前景[J]. 中国水产(3): 42–45.

王忠良，王蓓，鲁义善，等. 2015. 水产疫苗研究开发现状与趋势分析[J]. 生物技术通报，31(6): 55–59.

夏来根，顾荣明，苏红星，2012. 生物源性功能饲料添加剂对加州鲈生产性能的影响[J]. 科学养鱼(6): 71-73.

徐树晨，2021. 池塘工程化循环水养殖模式下饲料添加EM菌对大口黑鲈生长及生理指标的影响[D]. 江苏：南京农业大学.

杨振燕，刘训杰，孟丽霞，等. 2022. 乳酸菌在加州鲈鱼养殖中的应用技术研究[J]. 农业知识，1720(10): 29-30.

Hoang H H, Wang P C, Chen S C, 2020. The protective efficacy of recombinant hypoxic response protein 1 of *Nocardia seriolae* in largemouth bass (*Micropterus salmoides*) [J]. Vaccine, 38(14): 2925-2936.

Xu F F, Jiang F Y, Zhou G Q, et al., 2022. The recombinant subunit vaccine encapsulated by alginate-chitosan microsphere enhances the immune effect against *Micropterus salmoides* rhabdovirus[J]. Journal of Fish Diseases, 45: 1757-1765.

Xu Z C, Zhong Y F, Wei Y X, et al., 2021. Yeast culture supplementation alters the performance and health status of juvenile largemouth bass (*Micropterus salmoides*) fed a high-plant protein diet[J]. Aquaculture Nutrition, 27: 2637-2650.

Yi W, Zhang X, Zeng K, et al., 2020. Construction of a DNA vaccine and its protective effect on largemouth bass (*Micropterus salmoides*) challenged with largemouth bass virus (LMBV) [J]. Fish & Shellfish Immunology, 106: 103-109.

Zhou X, Wang Y, Yu J, et al., 2022. Effects of dietary fermented Chinese herbal medicines on growth performance, digestive enzyme activity, liver antioxidant capacity, and intestinal inflammatory gene expression of juvenile largemouth bass (*Micropterus salmoides*)[J]. Aquaculture Reports, 25: 101269.